中国编辑学会组编

中国科技之路

海洋卷

中宣部主题出版
重点出版物

观海探洋

本卷主编 蒋兴伟

副主编 丁 磊 刘 峰 林明森 雷 波

海洋出版社

北 京

图书在版编目（CIP）数据

中国科技之路 . 海洋卷 . 观海探洋 / 中国编辑学会
组编 ; 蒋兴伟本卷主编 . -- 北京 : 海洋出版社，
2021.6
ISBN 978-7-5210-0777-0

Ⅰ . ①中… Ⅱ . ①中… ②蒋… Ⅲ . ①技术史—中国
—现代②海洋工程—工程技术—技术史—中国—现代
Ⅳ . ① N092 ② P75-092

中国版本图书馆 CIP 数据核字 (2021) 第 092145 号

内 容 提 要

　　随着国家整体实力的逐步提升，我国的海洋科技取得了长足进展。《观海探洋》以反映我国海洋领域科技发展成就和重大科技成果为重点，从历史和现实的角度综述实现"查清中国海，进军三大洋，登上南极洲"这一激励了几代海洋人为之奋斗的阶段性目标的海洋科技发展之路，展示了中国海洋科学技术从零起步到跟跑、并跑，再到某些方面领跑的跨越式发展历程，聚焦科技创新等方面有影响力的海洋科技成果，如海洋卫星观测、蛟龙探海等领域，阐明我国海洋科技实力的大幅度提升对我国经济社会发展及海洋强国建设起到的关键支撑作用。结合建设海洋强国、共建海上丝绸之路和海洋命运共同体，展望海洋科技发展的未来。

　　以此向中国共产党成立 100 周年献礼。

中国科技之路　海洋卷　观海探洋
ZHONGGUOKEJIZHILU HAIYANGJUAN GUANHAITANYANG

◆ 　组　　编　　中国编辑学会
　　本卷主编　　蒋兴伟
　　本卷副主编　　丁　磊　刘　峰　林明森　雷　波
　　责任编辑　　冷旭东　苏　勤
　　设　　计　　文化·邱特聪
　　《海洋世界》杂志出品
　　责任印制　　安　森
◆ 　海洋出版社出版发行　　　　　　　　北京市海淀区大慧寺路 8 号
　　邮编　　100081
　　网址　https:// www.oceanpress.com.cn
　　北京盛通印刷股份有限公司印刷
◆ 　开本：720×1000　1/16
　　印张：12　　　　　　　　　　　　　2021 年 6 月第 1 版
　　字数：200 千字　　　　　　　　　　2021 年 6 月北京第 1 次印刷

定价 :100.00 元

读者服务热线 :(010)62100097　　印装质量热线 :(010)62100034

《中国科技之路》出版工作委员会

主　任: 郭德征

副主任: 李　锋　胡昌支　张立科

成　员:（按姓氏笔画排序）

马爱梅　王　威　朱琳君　刘俊来　李　锋　张立科

郑淮兵　胡昌支　郭德征　颜景辰

审读专家:（按姓氏笔画排序）

马爱梅　王　威　田小川　邢海鹰　刘俊来　许　慧

李　锋　张立科　周　谊　郑淮兵　胡昌支　郭德征

颜　实　颜景辰

做好科学普及，是科学家的责任和使命

中国科技事业在党的领导下，走出了一条中国特色科技创新之路。从革命时期高度重视知识分子工作，到新中国成立后吹响"向科学进军"的号角，到改革开放提出"科学技术是第一生产力"的论断；从进入新世纪深入实施知识创新工程、科教兴国战略、人才强国战略，不断完善国家创新体系、建设创新型国家，到党的十八大后提出创新是第一动力、全面实施创新驱动发展战略、建设世界科技强国，科技事业在党和人民事业中始终具有十分重要的战略地位、发挥了十分重要的战略作用。党的十九大以来，党中央全面分析国际科技创新竞争态势，深入研判国内外发展形势，针对我国科技事业面临的突出问题和挑战，坚持把科技创新摆在国家发展全局的核心位置，全面谋划科技创新工作。通过全社会共同努力，重大创新成果竞相涌现，一些前沿领域开始进入并跑、领跑阶段，科技实力正在从量的积累迈向质的飞跃，从点的突破迈向系统能力提升。

科技兴则民族兴，科技强则国家强。2016 年 5 月 30 日，习近平总书记在"科技三会"上指出："科技创新、科学普及是实现创新发展的两翼，要把科学普及放在与科技创新同等重要的位置"，希望广大科技工作者以提高全民科学素质为己任，"在全社会推动形成讲科学、爱科学、学科学、用科学的良好氛围，使蕴藏在亿万人民中间的创新智慧充分释放、创新力量充分涌流"。站在"两个一百年"奋斗目标历史交汇点上，我国正处于加快实现科技自立自强、建设世界科技强国的伟大征程中。在新的发展阶段，做好科学普及、提升公民科学素质、厚植科学文化，既是建设世界科技强国的迫切需要，也是中国科学家义不容辞的社会责任和历史使命。

为此，中国编辑学会组织 15 家中央级科技出版单位共同策划，邀请各领域院士和专家联合创作了《中国科技之路》科普图书。这套书以习近平新时代中国特色社会主义思想为指导，以反映新中国科技发展成就为重点，以文、图、音频、视频相结合的直观呈现形式为载体，旨在激励全国人民为努力实现中华民族伟大复兴的中国梦而奋斗。《中国科技之路》于 2020 年列入中宣部主题出版重点出版物选题，分为总览卷、信息卷、交通卷、建筑卷、卫生卷、中医药卷、核工业卷、航天卷、航空卷、石油卷、海洋卷、水利卷、电力卷、农业卷、林草卷共 15 卷，相关领域的两院院士担任主编，内容兼具权威性和普及性。《中国科技之路》力图展示中国科技发展道路所蕴含的文化自信和创新自信，激励我国科技工作者和广大读者继承与发扬老一辈科学家胸怀祖国、服务人民的优秀品质，不负伟大时代，矢志自立自强，努力在建设科技强国实现复兴伟业的征程中作出更大贡献。

侯建国

中国科学院院士

《中国科技之路》编委会主任

2021 年 6 月

科技开辟崛起之路　出版见证历史辉煌

2021 年是中国共产党百年华诞。百年征程波澜壮阔，回首一路走来，惊涛骇浪中创造出伟大成就；百年未有之大变局，我们正处其中，踏上漫漫征途，书写世界奇迹。如今，站在"两个一百年"的历史交汇点上，"十三五"成就厚重，"十四五"开局起步，全面建设社会主义现代化国家新征程已经启航。面向建设科技强国的伟大目标，科技出版人将与科技工作者一起奋斗前行，我们感到无比荣幸。

2021 年 3 月，习近平总书记在《求是》杂志上发表文章《努力成为世界主要科学中心和创新高地》，他指出："科学技术从来没有像今天这样深刻影响着国家前途命运，从来没有像今天这样深刻影响着人民生活福祉""中国要强盛、要复兴，就一定要大力发展科学技术，努力成为世界主要科学中心和创新高地。我们比历史上任何时期都更接近中华民族伟大复兴的目标，我们比历史上任何时期都更需要建设世界科技强国！"在这样的历史背景下，科学文化、创新文化及其所形成的科普、科学氛围，对于提升国民的现代化素质，对于实施创新驱动发展战略，不仅十分重要，而且迫切需要。

中国编辑学会是精神食粮的生产者，先进文化的传播者，民族素质的培育者，社会文明的建设者。普及科学文化，努力形成创新氛围，让科学理论之弘扬与科学事业之发展同步，让科学文化和科学精神成为主流文化的核心内涵，推出高品位、高质量、可读性强、启发性深的科技出版物，这是一条举足轻重的发展路径，也是我们肩负的光荣使命，更是国际竞争对我们的强烈呼唤。秉持这样的初心，中国编辑学会在 2019 年 7 月召开项目论证会，确定以贯彻落实党和国家实施创新驱动发展战略、建设科技强国的重大决策为切入点，编辑出版一套为国家战略所必需、为国民所期待的精品力作，展现我国科技实力，营造浓厚科学文化氛围。随后，中国编辑学会组织了半年多的调研论证，经过数番讨论，几易方案，终于在 2020 年年初决定由中国编辑学会主持策划，由学会科技读物编辑专业委员会具体实施，组织人民邮电出版社、科学出版社、中国水利水电出版社等 15 家出版社共同打造《中国科技之路》，以此向中国共产党成立 100 周年献礼。2020 年 6 月，《中国科技之路》入选中宣部 2020 年主题出版重点出版物。

《中国科技之路》以在中国共产党领导下，我国科技事业壮丽辉煌的发展历程、主要成就、关键节点和历史意义为主题，全面展示我国取得的重大科技成果，系统总结我国科技发展的历史经验，普及科技知识，传递科学精神，为未来的发展路径提供重要启示。《中国科技之路》服务党和国家工作大局，站在民族复兴的高度，选择与国计民生息息相关的方向，呈现我国各行业有代表性的高精尖科研成果，共计 15 卷，包括总览卷、信息卷、交通卷、建筑卷、卫生卷、中医药卷、核工业卷、航天卷、航空卷、石油卷、海洋卷、水利卷、电力卷、农业卷和林草卷。

今天中国的科技腾飞、国泰民安举世瞩目，那是从烈火中锻来、向薄冰上履过，其背后蕴藏的自力更生、不懈创新的故事更值得点赞。特别是在当今世界，实施创新驱动发展战略决定着中华民族前途命运，全党全社会都在不断加深认识科技创新的巨大作用，把创新驱动发展作为面向未来的一项重大战略。基于这样的认识，《中国科技之路》充分梳理挖掘历史资料，在内容结构上既反映科技领域的发展概况，又聚焦有重大影响力的技术亮点，既展示重大成果、科技之美，又讲述背后的奋斗故事、历史经验。从某种意义上来说，《中国科技之路》是一部奋斗故事集，它由诸多勇攀高峰的科研人员主笔书写，浸透着科技的力量，饱含着爱国的热情，其贯穿的科学精神将长存在历史的长河中。这就是"中国力量"的魂魄和标志！

《中国科技之路》的出版单位都是中央级科技类出版社，阵容强大；各卷均由中国科学院院士或者中国工程院院士担任主编，作者权威。我们专门邀请了著名科技出版专家、中国出版协会原副主席周谊同志以及相关领导和专家作为策划，进行总体设计，并实施全程指导。我们还成立了《中国科技之路》编委会和出版工作委员会，组织召开了20多次线上、线下的讨论会、论证会、审稿会。诸位专家、学者，以及15家出版社的总编辑（或社长）和他们带领的骨干编辑们，以极大的热情投入到图书的创作和出版工作中来。另外，《中国科技之路》的制作融文、图、音频、视频、动画等于一体，我们期望以现代技术手段，用创新的表现手法，最大限度地提升读者的阅读体验，并将之转化成深邃磅礴的科技力量。

　　2016 年 5 月，习近平总书记在哲学社会科学工作座谈会上发表讲话指出，自古以来，我国知识分子就有"为天地立心，为生民立命，为往圣继绝学，为万世开太平"的志向和传统。为世界确立文化价值，为人民提供幸福保障，传承文明创造的成果，开辟永久和平的社会愿景，这也是历史赋予我们出版工作者的光荣使命。科技出版是科学技术的同行者，也是其重要的组成部分。我们以初心发力，满含出版情怀，聚合 15 家出版社的力量，组建科技出版国家队，把科学家、技术专家凝聚在一起，真诚而深入地合作，精心打造了《中国科技之路》，旨在服务党和国家的创新发展战略，传播中国特色社会主义道路的有益经验，激发全党、全国人民科研创新热情，为实现中华民族伟大复兴的中国梦提供坚强有力的科技文化支撑。让我们以更基础更广泛更深厚的文化自信，在中国特色社会主义文化发展道路上阔步前进！

郝振省

中国编辑学会会长

《中国科技之路》编委会主任

2021 年 6 月

本卷前言

21世纪是海洋世纪，海洋必将对未来社会进步产生巨大的影响。科学技术的进步支撑着海洋可持续发展，正因科学技术的快速进步，才使现代海洋开发成为可能，并进入持续开发利用的新阶段。我国东濒太平洋，有辽阔的海疆，是海洋大国，但要成为海洋强国，还有很多艰辛的路要走。发展海洋科学技术对于海洋强国建设以及中华民族伟大复兴都具有重大意义。

1921年中国共产党的成立，开启了中华民族伟大复兴的征程，我国各行各业都取得了辉煌的成就，产生了历史性的巨变。百年以来，随着国家整体实力的逐步提升，我国海洋科技体系从奠基起步到快速发展经历了不寻常的历史发展阶段，从加强自主创新能力到创新引领型发展，我国的海洋科技取得了长足的进步，实现了几乎从零起步到跟跑、并跑再到某些方面的领跑，我国一代又一代海洋科技工作者不懈奋斗，艰苦求索，取得了辉煌成就，我国逐渐从海洋大国向海洋强国迈进。

海洋观测是海洋科学技术发展的基础，海洋观测技术水平决定着对海洋认知的深度和广度。每一次海洋观测技术的进步，都会给海洋科学研究带来新的突破。"查清中国海，进军三大洋，登上南极洲"这一激励了一代又一代海洋科技工作者不懈努力的奋斗目标现已基本实现，标志着围绕国家战略目标，以海洋调查为基础和前提，以开发利用海洋资源、保护海洋环境、维护海洋权益和建设海洋强国为支撑的中国海洋科技已经走出中国近海，面向深海大洋和南北极。

党的十八大以来，以习近平同志为核心的党中央从实现中华民族伟大复兴的高度出发，着力推进海洋强国建设。党的十九大报告进一步作出"坚持陆海统筹，加快建设海洋强国"的战略部署。习近平总书记指出，我们要着眼于中国特色社会主义事业发展全局，统筹国内国际两个大局，坚持陆海统筹，坚持走依海富国、以海强国、人海和谐、合作共赢的发展道路，通过和平、发展、合作、共赢方式，扎实推进海洋强国建设。当前，我国已进入新发展阶段、新发展时期，围绕"监控中国海，深入五大洋，共治南北极"这一新的历史时期海洋事业新的发展目标，大力提升海洋科技实力，在空天、深海、极地等领域创新发展，为海洋强国建设起到重要支撑作用。

主编：蒋兴伟

2021 年 6 月

AR 海洋卫星展示项目，展示了海洋卫星全家族的主要卫星和海洋卫星的发射载具。着重介绍了海洋一号 C/D 卫星，海洋二号 A/B 卫星及卫星采集数据和处理的可视化结果。

AR使用说明

可以通过 iPhone 相机拍摄二维码时显示并点击 "在 App Store 中查看"，跳转到 App Store 中进行下载，也可以通过微信扫一扫扫描二维码，进行跳转，进行 App 下载。本 app 仅支持 A11 以上机型及 iOS 13 以上系统版本。

目　录

第一篇
向海图强

第二篇

扬帆远航，海洋强国走向世界

第三篇

长风破浪会有时，直挂云帆济沧海

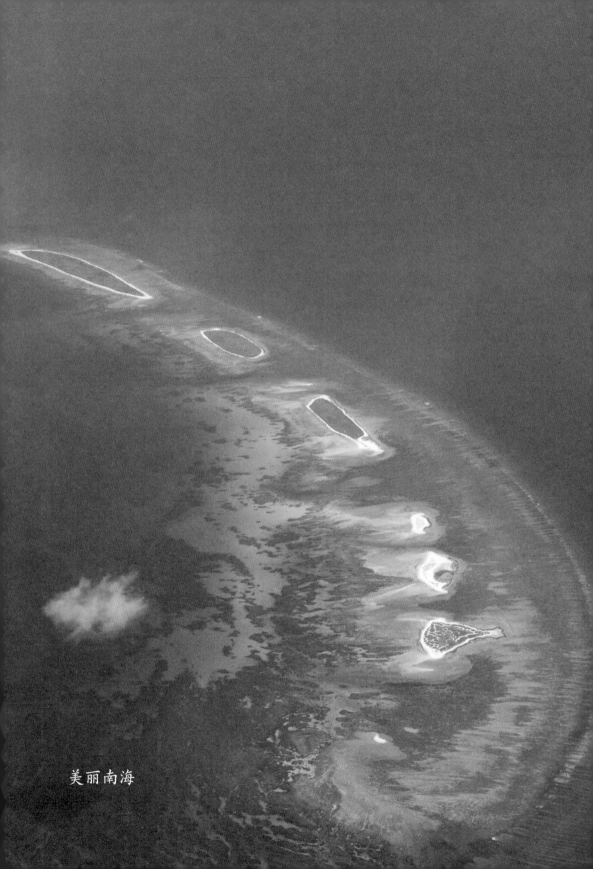

美丽南海

第一篇
向海图强

海洋约占地球表面积的 71%，海洋是生命的摇篮、资源的宝库和环境的调节器。当代人类面临的全球变暖、气候变化、生命起源及人类起源等重大科学问题均与海洋科学息息相关。海洋是现代科学发现的重要场所，是孕育重大科技进步的突破口，海洋科技直接关系到人类社会的可持续发展，是世界各国科技水平和综合实力的重要标志。

我们的海洋

这一天

中国东濒太平洋，自古以来就是陆海兼具的国家。在漫长而曲折的海岸线上分布有众多的海湾，沿岸还分布有众多岛屿，它们星罗棋布，美丽璀璨。我们追溯中华民族源远流长的历史，既有对"上古扬帆""精卫填海"的遥远追忆，也有对"商王泛舟""秦皇东巡"的千年记载，还有对"舟师东渡""七下西洋"的美好赞誉。中华民族开拓绵延千年的"海上丝绸之路"，更是抒写着世界海上贸易和人类文明交流的不朽篇章。由此可见，古代的中国不仅是海洋大国，也是海洋强国。

图 1-1 司南（古代的指南针。唐代后，"司南"一词为"指南"所取代）

恩格斯曾经十分肯定地指出："中国磁针从阿拉伯人传到欧洲人手中，在1180 年左右。"此后，"指南针"不仅为 15 世纪的"地理大发现"奠定了基础，而且也拉开了世界现代史的帷幕。马克思也说过，"罗盘打开了世界市场"。凭借无可比拟的科技实力，宋代的中国船长们不仅牢牢掌握了环印度洋航运的控制权，而且将贸易航线延伸到了非洲东海岸。

华夏古国在中国共产党坚强而正确的领导下，历经百年，凤凰涅槃，浴火重生，走上了一条强国之路、复兴之路。

一、星辰大海，梦想启航

科学与技术在中国有着悠久的历史。在古代，中国的科学技术曾经长期居于世界领先地位。那时候，我们的先民认识海洋、利用海洋资源是从采食海边的海洋生物开始的，随着时代的前进、文明的发展，人们的海洋知识积累逐渐增多和深化，海洋科技也开始萌芽。

（一）鱼盐之利，舟楫之便

西高东低，山海兼备，是我国地理位置的基本特征。古代炎黄子孙长期与海洋接触，认识海洋、利用海洋，并逐渐形成了早期的、具有明显东方特色的传统海洋观。早在新石器时代，生活在沿海的我国先民就已经开始从海洋中获取生物来改善生活，开始了开发利用海洋资源的活动。7000 年前，人们通过漂洋过海、捕鱼捞虾的实践，掌握了原始的海上捕捞技能。4500 年前，"盐宗"——夙沙氏发明了提取利用海盐的技术"煮海为盐"。春秋时期齐桓公由管仲辅佐，"行舟楫之便，兴鱼盐之利"，终成一代霸主（2700 年前），实现了富国强民的目标。此外，2100 年前我国开始人工养殖牡蛎，1800 年前海水养珠业大发展，南海发生了"合浦还珠"的故事，1000 年前发展紫菜养殖。明清时期对海洋生物的认知也超越了前代，屠本畯等人写出了多部海洋生物专著，如《闽中海错疏》《异鱼图赞补》《记海错》等。

中国古代的造船和航海技术"雄踞世界前列达 17 个世纪之久",为人类航海事业的发展做出了巨大贡献。中华民族不但有"徐福东渡"的壮举,后来还开辟了著名的"海上丝绸之路"。600 多年前,伟大的航海家郑和率领着当时世界上最强大的船队七下西洋,按照"内安华夏、外抚四夷、一视同仁、共享太平"的和平外交政策,传播中华文明,开展海外贸易。郑和下西洋不仅创造了航海史的奇迹,也为中国乃至世界海洋学史写下了光辉的篇章,从而拉开了世界大航海时代的序幕。《郑和航海图》收录外国地名 300 多个,丰富了中国对世界海洋地理的认知。同时,郑和船队很好地掌握了印度洋上的季风以及随之产生的海流季节性流向转变规律,对西太平洋和印度洋海洋水文的认识与利用已具有相当高的科学水平。

研究表明,最晚在宋代,中国人已经发明了"干船坞",掌握了当时世界上最先进的造船技术,而欧洲出现"干船坞"则是在 500 年之后。15 世纪末期,英

图 1-2 郑和下西洋油画

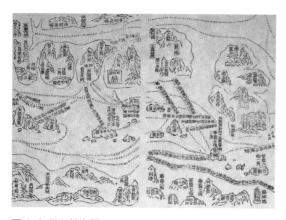

图 1-3 郑和航海图

国的朴次茅斯港才首次使用这种先进的造船术。实际上，不论是"干船坞"，还是在其中建造的"中华宝船"，都是当时人类最高工艺的结晶。

　　依据现代人的折算，晋隋时期，海洋气象观测与预测已有"半日水"等说法，到了唐代大历年间，窦叔蒙编著了我国历史上第一部关于潮汐理论的专著《海涛志》，提出潮周期为 12 小时 25 分 14.02 秒，两个潮周期比一个太阳日多 50 分 28.04 秒，与现代计算结果十分相似。这在世界海洋科技史上占有重要地位。

（二）百年风云，起锚扬帆（1840—1949 年）

图 1-4 孙中山先生所著《建国方略》

在 19 世纪 70 年代以前，海洋科学都是些零碎、片段的知识，散附在其他学科中，构不成独立、完整的海洋科学学科。直到 1872—1876 年，英国皇家学会组织的"挑战者"号科考船完成首次环球海洋考察之后，海洋科学才逐渐形成为一门独立的学科。

1840 年鸦片战争爆发以后，西方列强凭借坚船利炮打开了古老中国的大门，在使华夏大地沦为半封建半殖民地社会的同时，客观上也翻开了近代史的新篇章。包括海洋科学在内的西方科学传入中国，我国现代海洋学在中国古代海洋认识的基础上逐步有所发展。在一系列海洋历史事件中，国内一批有识之士以史为鉴，对来自海洋方向的危机逐渐有了比较清醒的认识，陆续提出了一些应对之策。

1911 年辛亥革命，推翻了清王朝的统治，建立了中华民国。孙中山先生提出"海权兴，则国兴"的以海兴国的号召。由于当时种种条件的限制，以海兴国的梦想难以实现，但我国的不少知识分子为此做出了许多努力。

这个时期的海洋科学研究人员较少，大部分是庚款留学生在国外学成归国后，为振兴中华而开展的开创性研究，具有奠基意义。其中，有代表性的是朱元鼎、伍献文对海洋鱼类的研究，童第周对文昌鱼实验胚胎的研究，曾呈奎对海藻的研究，金德祥对硅藻的研究，朱树屏、郑重对浮游生物的研究，陈义对多毛类和星虫的研究，张凤瀛对棘皮动物的研究，沈嘉瑞对蟹类等甲壳类的研究，喻兆琦对虾类的研究，张玺对软体动物的研究，汤佩松对海藻含碘量的研究，许植方对海人草的研究，马廷英对海洋地质学和古生物学的研究，朱祖佑、赫崇本对海洋水文气象的研究，汪德昭对水声学的研究等。

从历史角度看，我国海洋科学发展和其他学科一样，经历了由简单到复杂的知识积累过程。

1919 年"五四运动"后，基于地理、气候和历史的原因，青岛首先成为中国现代海洋学的发展基地。中国近代海洋学形成了三个研究中心，北方集中在青岛，中部集中在上海，南方集中在厦门，标志着我国海洋科学发展进入了起锚扬帆的萌动发芽期。

青岛观象台，位于黄海之滨、胶州湾畔风景秀丽的避暑胜地——青岛市

图 1-5 青岛观象台

区。1924 年，著名天文学家蒋丙然代表青岛接收委员会接收了由日本人管理的青岛气候测量所，复定名为青岛观象台，并任首任台长。1925 年 5 月1 日，青岛观象台开创了由中国学者主持的包括潮汐观测与推算在内的海洋观测。蒋丙然编著的《中国海及日本海海水温度分配图》，绘出了周年平均等温线图、周年变差等温线图及各月等温线图共 12 幅，并对海水温度变动的原因作了说明。1930 年，青岛观象台创办了中国第一份海洋科技期刊——《海洋半年刊》。此时，青岛观象台已成为中国开展海洋观测和研究的中心，中国的海洋科学研究从这里开始起步。青岛几乎就是大半部中国近代的海洋科学史。童第周、张玺、毛汉礼、朱树屏、方宗熙、曾呈奎、赫崇本、刘瑞玉、齐钟彦……每一个名字，都标示着一门新兴的海洋"学科"，几乎就是大半部中国近代的海洋科学史。

1923 年春，厦门大学动物系生物学外籍教授雷德先生（S. F. Light）在厦门对岸同安县刘五店发现了文昌鱼，并写成论文发表在 1923 年《科学》（SCIENCE）杂志上。从此，厦门大学与文昌鱼的声誉同时远播海内外，不但引起了各国生物学专家的关注，而且竞相订购标本。

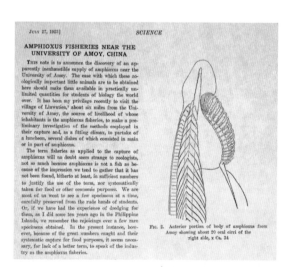

图 1-6 发表在 SCIENCE 上的文昌鱼论文

1945 年 8 月，日本战败，宣布无条件投降。根据 1943 年中、美、英三国《开罗宣言》和 1945 年《波茨坦公告》的决定，台湾、

图 1-7 1946 年接收南沙群岛仪式在太平岛隆重举行

西沙和南沙群岛均应回归中国。1946 年 11 月 24 日、12 月 12 日，中国分别在西沙和南沙群岛举行收复仪式，并竖立主权碑。水利工程专家麦蕴瑜被任命为接收专员，随中国军舰对东沙、西沙、南沙、中沙等群岛进行测量，中国地图对该 4 个群岛的标示得到世界公认，并被广泛引用于各国地图中。

中国自 20 世纪 30 年代开始筹建海洋研究机构。1917 年，陈葆刚等人在烟台创立了山东省水产试验场，以改良渔具、渔法，研究海产品和加工技术为宗旨。这是中国海洋水产科研机构，也是中国建立最早的涉海科研机构。江苏省、广东省、浙江省也相继成立了省立水产试验场。此后，1928 年青岛观象台成立海洋科，1947 年"农林部中央水产实验所"成立，都标志着中国社会进入民国时代之后，专门从事海洋科学研究的中国海洋研究机构陆续成立。

二、砥砺奋进，谱写蔚蓝新篇章

1949年，中国共产党领导中国人民推翻了"三座大山"，建立了人民当家作主的中华人民共和国，中华民族重拾"走向海洋、以海兴国"的千年梦想，开始了"观海探洋、向海图强"的崭新征程。特别是进入改革开放的新世纪新阶段，中华民族昂首挺胸迈开了走向海洋、开发海洋的坚定步伐。

（一）鸣笛开航，海洋科技奠基起步（1949—1964年）

中华人民共和国刚刚建立的1949年11月，即中国科学院刚成立不久，童第周、曾呈奎等联名致信中国科学院领导，建议在青岛成立海洋研究所。1950年8月中国科学院水生生物研究所建立青岛海洋生物研究室，这是中华人民共和国的第一个专业海洋科研机构。1959年1月海洋生物研究室扩建为中国科学院海洋研究所，我国全面设立海洋生物、物理海洋、海洋地质、海洋化学等学科。同一年，中国科学院南海海洋研究所成立。1959年3月，山东海洋学院成立，这是我国第一所专门培养海洋人才的高

图 1-8 海洋生物研究室贝类组全体人员

图 1-9 1953 年的青岛小麦岛海洋站

等学校。1953 年中华人民共和国建设第一个海洋波浪观测站——青岛小麦岛海洋站。

1956 年国务院科学规划委员会制定的《1956 年至 1967 年国家重要科学技术任务规划及基础科学规划》，首次将海洋科学技术列入国家科学技术发展规划中，据此出台了《1956 至 1967 年海洋科学发展远景规划》。1962 年，遵照国家"调整、巩固、充实、提高"的方针，编制了第二个海洋科学远景规划，即《1963 至 1972 年海洋发展规划》。

1958 年 9 月至 1960 年 12 月，我国首次进行了大规模的全国海洋综合调查，从北到南，分期分批。这次调查不仅为我国积累了海洋基础资料，填补了海洋资料的空白，而且培养了一大批海洋科技人才。1957 年起相继开展了"中苏黄海和海南岛海洋生物联合考察（1957—1960 年）""中越合作进行北部湾海洋综合调查（1960—1965 年）"等国际合作调查。与苏联、朝鲜、越南等国家签订的《太平洋西部渔业、海洋学和湖沼学研究的合作协定》，在我国当时外部环境受限制和国内渔业、海洋学研究急需开展的情况下，无疑是一个重要的国际合作研究项目，也是学习经验和获得合作调

图 1-10 我国首次进行大规模全国海洋综合调查　　图 1-11 我国首次远洋调查誓师大会

查研究资料的一次很好机会。同时，作为中华人民共和国成立后第一个国际渔业和海洋学的合作研究项目，为今后开展同类的国际合作研究积累了经验。

1964 年 7 月，国家海洋局成立。这是中国海洋事业发展史上的重要里程碑，翻开了中国海洋科学和海洋管理发展史上的崭新一页。国家海洋局一成立就积极调整、组建了海洋科研调查队伍，建立了海洋调查船队及相应的海区管理机构以及海洋水文观测台站和预报总台等。由此，中国海洋科研调查力量得到了发展和壮大，开启了中国现代海洋科学技术全面、系统、规模发展的历程。

图 1-12 国家海洋局建局初期的办公大楼（东长安街 31 号）

（二）排除干扰，海洋科技稳步前行（1965—1976 年）

20 世纪 50 年代、60 年代，以毛泽东同志为核心的第一代党中央领导集体，根据当时的国际形势，为了保卫国家安全、维护世界和平，高瞻远瞩，果断地作出了独立自主研制"两弹一星"的战略决策。中国的"两弹一星"是 20 世纪下半叶中华民族创建的辉煌伟业，推动了中国海洋事业走向深海大洋。

图 1-13
我国成功试验、发射的第一颗原子弹、氢弹和人造卫星

1976 年 2 月，经毛泽东同志圈定，正式启动了"两弹一星"工程洲际导弹靶场考察计划。1976 年 3 月 15 日，在距离著名的广州黄埔区长洲岛黄埔军校旧址不到 1000 米的江面上，一艘乳白色的万吨级大船"向阳红 05"号油漆一新，整装待命。与此同时，在黄埔长洲对岸约十千米的交通部文冲船厂码头，另一艘远洋货轮"无锡"号也接到了远征的命令。文冲船厂的工

图 1-14 万吨级远洋科学调查船"向阳红 05"号

程师们按命令一夜之间将"无锡"号舷号改成"向阳红 11"号。3 月 30 日凌晨,"向阳红"——中国的这支海洋考察船编队鸣笛起航,远征南太平洋,向大海的深处挺进。从此,无论"向阳红"船队驶向哪里,都标志着中国海洋事业从这里开始起航。

尽管这一时期国民经济发展缓慢,老一代海洋工作者们仍不忘初心,艰难前行,在海洋科学研究方面取得了显著成绩。

毛汉礼根据全国海洋普查资料研究结果,提出了"台湾暖流"的概念。在海浪研究领域,文圣常推出了"文氏风浪谱",该谱被多个国家翻译,为当时国际上科学发展的重要成果。在潮汐研究领域,郑文振 1959 年出版了《实用潮汐学》;方国洪 1960 年提出了"潮汐分析和预报准调和分析方法",被采用为国家标准,使用至今;方国洪等1970年建立了二维潮汐潮流数值模式,计算了中国近海潮流分布,同年开始了世界最早潮汐同化模式的尝试。

曾呈奎、刘瑞玉、郑守仪、吴宝铃、金德祥等人,通过对以十万计的生物标本的海洋生物分类学和物种多样性的研究,发现了大量新物种,对中国海区主要生物类群的种类、分布、区系及多样性状况与特点有了进一步了解,出版了各类专著50多部。

童第周等在脊椎动物、鱼类和两栖动物的卵子发育能力方面有独特的发现,从20世纪50年代开始解决了文昌鱼的饲养、产卵和人工授精技术。这在当时属创新性成果,为动物育种提出了一种新的可能性。

20世纪60年代,曾呈奎率先提出"海洋水产生产农牧化"科学理念,从而推动了海洋水产养殖业的兴起与发展。王颖1964年发表的《渤海湾西南部岸滩特征》一文,首先讨论了粉砂淤泥质海岸岸滩的分带现象,并论述了潮间带各带地貌、沉积、动力、海岸岸滩的分带现象及分布规律。陈吉余等1957年发表了《长江三角洲江口段的地形发育》、1959年发表了《长江三角洲的地貌发育》等论著,开启了长江三角洲研究和整治的先河。陈国珍1965年出版了《海水分析化学》,是当时国内外该领域最系统和详细的专著,也是我国《海洋调查规范·海水化学要素分析》的重要参考依据。

（三）探索深蓝，海洋科技快速发展（1977—2011 年）

1978 年，党的十一届三中全会胜利开幕，确定了我国对内改革、对外开放的总方针，实现了工作重心转移到经济建设上来的重大转折。同年全国科学大会召开，在这次大会上，邓小平明确指出"科学技术是生产力"，科学的春天到来了。

我国 1971 年恢复在联合国的合法席位后，1977 年正式加入联合国教科文组织政府间海洋学委员会，中国的海洋事业正式进入国际大舞台。1978 年《全国自然科学发展规划》提出 108 项研究任务，其中第 1 项和第 24 项，即是有关海洋科学技术的项目。国家相继制定了《九十年代全国海洋政策和工作纲要》（1991 年）、《海洋技术政策要点》（1993 年）、《海洋应用基础研究计划》（1997 年）等，为这一时期海洋科学技术的发展提供了良好的政策环境和资金支持。国家海洋局制定了"查清中国海、进军三大洋、登上南极洲，为在本世纪实现海洋科学技术现代化而奋斗"的战略目标。从此，中国的海洋科技事业进入了快速发展期。

斗转星移，潮涨潮落，经过几代人不懈的努力，我国海洋事业取得了显著成就。海洋产业异军突起，已经成为国民经济新的增长点。海洋生态保护力度不断加大，海洋资源的开发利用步入了法制化轨道。海洋科研调查和公益服务水平不断提高，维护国家海洋权益和安全的能力也显著提升。

> 海洋调查形成"海地空天"一体化调查技术体系

从 1980 年开始，中国开展了历时 7 年的"全国海岸带和海涂资源综合调查"，参加调查的有各部、委、局和沿海 10 个省（直辖市、自治区）的 503 个单位的科技人员 19 000 人次。这次全国调查，基本查清了北起鸭绿江口、南至北仑河口的区域自然环境、资源状况及社会经济状况，编写了《中国海岸带和海涂资源综合调查报告》和各种专业、专题报告共 500 多份、700 多册。1988—1995 年进行的"全国海岛资源综合调查"摸清了 500 平方米以上海岛的环境、资源和社会经济状况。2002 年中国海域天然气水合物资源调查开始实施。2007 年，首次在南海北部陆坡成功钻获了"可燃冰"实物样品。2011—2013 年，首次在珠江口盆地东部海域钻获了高纯度的"可燃冰"样品。

2005 年正式开始的"我国近海海洋综合调查与评价专项"，是继全国海洋普查和海岸带综合调查完成多年之后开展的全国性、大规模的我国近海全面综合性调查，至 2011 年 8 月全部通过省级验收。这次调查先后参与单位 180 余家，动用船只 536 艘、飞机 294 架次，参调人员万余名。该项调查全面构筑起中国现代海洋调查标准和"海地空天"一体化调查技术体系，实现了对中国近海约 150 万平方千米海域和海岛、海岸带环境资源的全学科、全要素、全方位、全覆盖系统的掌握和综合认知。"我国近海海洋综合调查

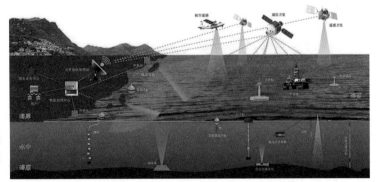

图 1-15 "海地空天"一体化调查技术体系

与评价专项"基本摸清了中国近海海洋环境资源家底，全面获得了中国近海海洋环境资源高精度基础数据，建成了中国近海高精度的海洋大数据源，集中获得了一批原创型研究成果，历史性地推进了中国近海环流、海洋生态和地质环境演变等基础理论向集成化、体系化的转变，夯实了中国区域海洋学学科理论和知识体系。通过"我国近海海洋综合调查与评价专项"的实施，奠定了中国在国际海洋科学研究体系中独特的优势地位，建立了具有自主知识产权的中国近海环境资源评价技术体系，研发建设了技术先进、信息丰富、应用广泛的第一代中国数字海洋系统，将中国海洋管理决策服务带入数字信息时代。

"十三五"以来，实施了"全球变化与海气相互作用"的专项调查和海上丝绸之路国际海洋联合观测，其中在南海、西太平洋、东印度洋开展了大规模综合调查，开启了中国对深远海调查与研究的新征程。

在此期间，海洋调查广泛开展了国际合作。1978 年 12 月中国首次参加"第一次国际全球大气试验"（FGGE）、1980 年中美开展了"长江口及东海大陆架沉积作用过程联合调查"，1985—1990 年中美在赤道和热带西太平洋开展了"海洋大气相互作用合作科学考察"（TOGA-COARE）。从 1986 年开始，中国开展了著名的"中日黑潮合作调查研究"和"中日副热带环流调查合作研究"。中国还与德国、法国、加拿大、俄罗斯、印度尼西亚、尼日利亚、泰国等国开展了许多重要海洋调查研究合作项目。2010 年 5 月，中国发起了西北太平洋海洋环流与气候实验（NPOCE）国际合作计划。

大洋资源环境调查主要围绕大洋多金属结核、富钴结壳、多金属硫化物三大矿产资源深海环境及生物等领域，先后在太平洋、印度洋及大西洋进行了大量调查。通过调查，中国大洋矿产资源研究开发协会等单位与国际海底

图 1-16 我国首次在印度洋发现富稀土沉积物　　　图 1-17 我国首次环球海洋综合科学考察起航

管理局先后就大洋多金属结核、富钴结壳和多金属硫化物三大矿产资源签订勘探合同。目前，中国是世界上第一个在国际海底区域拥有三种资源、四块矿区的国家。

在南极、北极科学考察方面取得了巨大成绩。首先，从 1984 年组建第一支中国南极考察队，到 2011 年先后在南极建立了长城站、中山站、昆仑站，在北极建立了黄河站等科学考察站，获取了大量、丰富的极地及周边海区的物理海洋、气象、化学和生物的宝贵资料，填补了中国对南极、北极调查研究的空白。

图 1-18 南极考察队员登上菲尔德斯半岛

海洋科学研究快速发展

物理海洋学研究方面，1978 年，管秉贤首次指出了在中国东南近海和南海北部冬季均存在逆风海流。苏纪兰等通过历时 7 年的"中日黑潮合作调查研究"，对黑潮结构特征及其时空变异、机制的认识有了质的提升，论证了黑潮在台湾东北侧涌升，东海陆架的季节性特征及其动力机制，台湾暖流的内外侧结构及其与黑潮涌升的关联，琉球群岛东侧的琉球海流的结构与变化等。同期，胡敦欣提出了浙江沿岸上升流非风生机制，修正了传统风生沿岸上升流理论。胡敦欣在太平洋发现"棉兰老潜流"，改变了有关太平洋西边界流动力学结构的传统认识，对海洋经向热量传输、平衡和气候有重要影响。中国科学家最早提出了太平洋-印度洋洋际交换南海分支的存在，通过 2006 年启动的中国、印度尼西亚和美国的合作计划，利用丰富的现场调查资料，这种立论得到证实。

图 1-19 大洋环流示意

海浪研究方面，1984年，袁业立首次利用理论分析导出了风生波初生阶段成长过程的波面演化过程。冯士筰等在风暴潮动力学研究中创建了超浅海风暴潮模型，并将风暴潮动力学和预报模型及方法系统化，出版了世界上第一部系统论述风暴潮机制和预报的专著《风暴潮导论》。苏纪兰等首次

图 1-20 海浪

提出长江冲淡水次级锋面概念及其对杭州湾悬浮体输运的重要影响，提高了污染物、浮游生物的富集作用对杭州湾内泥沙输运规律的认识。吴立新领衔完成的"大洋能量传递过程、机制及其气候效应"，系统阐述了能量向深层海洋传递的通道以及驱动大尺度环流的过程与机理，揭示了深海大洋热量变异关键海区对大气环流及区域气候的重要调节作用，阐明了海洋环流变异影响全球气候的海洋大气通道，为预测未来海洋环境与气候变化提供了理论基础。

海洋数值模式研究取得了进展，曾庆存首创的"半隐式差分格式"是数值模式的主流算法之一。乔方利等研发的浪-潮-流耦合数值模式，耦合了海浪、潮汐等物理过程，对垂向参数化方法进行了改进，采用了先进的并行及同化方法和自主研发的潮汐调和常数计算方法，具有很强的全球及中国近海的水文模拟能力，解决了模式中多个关键物理过程，使其对海洋过程及

台风等模拟预测能力有了显著提高。袁业立基于 1992 年提出的 LAGFD-WAM 海浪数值模式发展的非破碎波浪混合理论，大大提高了海洋模式中对海洋上层混合模拟能力和模拟精度。在厄尔尼诺-南方涛动研究方面，陈大可等系统开发了 ENSO 预测模式，突破了限制 ENSO 预测水平和可预测性评估的关键瓶颈，系统阐释了海洋混合的物理机制，创建了一个新颖有效的垂向混合模型，为攻克湍流混合这一物理海洋学重大难题提供了新的理论和方法。

海洋地质学研究方面，我国海洋科学家通过对中国海多年调查资料进行系统总结，先后出版了一系列中国区域海洋地质著作。其中，主要有刘敏厚等的《黄海晚第四纪沉积》、秦蕴珊主编的《黄海地质》《东海地质》、刘昭蜀等的《南海地质》、金翔龙主编的《东海海洋地质》、许东禹等的《中国近海地质》、金庆焕等的《南海地质与油气资源》《天然气水合物资源概论》等

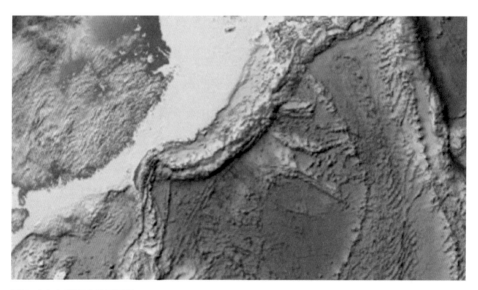

图 1-21 大洋海底地形示意

资源地质著作,李家彪等的《中国边缘海形成演化与资源效应》。金翔龙主
持完成的"大陆架及邻近海域勘查和资源远景评价研究",编绘了中国大陆
架及邻近海域基础环境系列图,评价中国大陆架及邻近海域的生物资源与矿
产资源,建立了中国大陆架及邻近海域环境与资源信息库、划界数据与方法
库,并按《联合国海洋法公约》提出了大陆架与邻近海域的划界方案。刘光
鼎主编完成了《中国海区及邻域地质地球物理图集》。陈则实等编纂的《中
国海湾志》、李培英等主编的《中国海岛志》是有关海湾、海岛的志书,为
我国海湾、海岛的开发管理提供了有力的科学支撑。

图 1-22 海洋生物组图

　　海洋生物生态学研究方面,1993 年出版了黄宗国主编的《中国海洋生
物种类与分布》一书。该书记录了 20 278 种生物的中文和拉丁文名称,并
详细介绍了其采集和分布状况。2008 年,出版了刘瑞玉主编的《中国海洋
生物名录》,该书记录了我国 22 629 个现生生物物种学名,并采用国际广
泛接受的最新分类系统,澄清了历史上对一些物种分类学上的混淆,纠正了
一些错误名称,充分反映了中国海洋生物分类与多样性研究所取得的进展。

图 1-23 海水养殖业

海水养殖业取得了巨大进展，除海带养殖外，还有赵法箴的对虾养殖技术、张福绥的贝类养殖技术、雷齐霖的鱼类养殖技术，中国先后掀起了四次海水养殖热潮。

海洋药用生物资源开发及海洋药物研究始于 20 世纪 80 年代，管华诗首创中国第一个海洋药物——藻酸双酯钠（PSS），是目前治疗高凝性疾病较为理想的海洋新药，它已成为中国乃至世界多国药店及医院的常备药和非处方药。20 世纪 90 年代后，中国形成了海洋药物和活性化合物的研究热潮。至今，中国已发现了 3000 多个海洋小分子新活性化合物和近 300 个寡糖类化合物，在国际天然产物化合物库中占有重要位置。

海洋生物分子技术研究方面，徐洵等首先将基因技术应用于海洋环境科学领域，解决了海洋病毒污染快速检测难题；率先克隆了中国海水鱼类基因，成功地构建了首个拥有自主知识产权的海洋基因工程菌，并开拓性地将基因工程技术应用于海水养殖。

海洋生态灾害与生态系演变研究方面，2001 年国家重大基础研究规划项目（"973"计划项目）"中国近海有害赤潮发生的生态学、海洋学机制及预测防治"开始运行，从多方面对东海大规模甲藻赤潮的形成机制、危害机理和预测防治等开展了深入研究，相关成果对提高我们应对赤潮灾害的应急处置能力有很大帮助。

海洋生物地球化学过程研究方面，2010 年 8 月焦念志提出了"海洋微型生物碳泵"储碳新机制，阐释了微型海洋生物产生 RDOM 的 3 种机制，揭示了微型生物生态过程在 RDOM "碳汇"形成过程中的重要作用，为深入了解海洋碳循环及其对全球变化的影响提供了新的认知。

海洋生态系统动力学研究方面，自 1997 年起，苏纪兰、唐启升等在国家"973""863"计划和国家自然科学基金重大项目支持下，推动了中国海洋生态动力学的研究。初步建立了中国近海生态系统动力学理论体系、食物网资源关键种能量转换与可持续管理模型，探究了浮游动物种群补充及微食

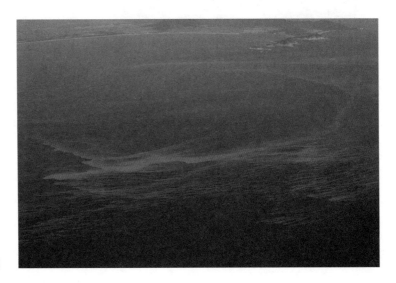

图 1-24 赤潮

物网的贡献、关键物理过程的生态作用和生源要素循环及水层-底栖系统耦合。其中，孙松通过"东、黄海生态动力学与生物资源可持续利用"项目，研究发现中华哲水蚤在温带陆架浅海度夏策略，被认为是国际全球海洋生物动力学计划实施以来最具代表性的成果。

图 1-25 大型海藻

图 1-26 珊瑚

海洋生态修复研究方面，突破了珊瑚礁、海草床等受损修复的技术瓶颈，并在典型海区成功进行了工程示范。研发了新型藻（鱼）礁，构建了受损生物环境高效修复技术，实现了从局部到系统修复的跨越。

海洋化学研究方面，首次发现了大气压下持续微辉光放电的新科学现象，创建了大气压强电离放电高效制备羟基自由基的新方法，发明了基于模块化阵列式等离子体集成源的系列化高浓度羟基自由基产生装备，突破了羟基自由基工程化应用的瓶颈，在万吨级船舶上完成了羟基自由基快速、高效率、低成本、无潜在风险杀灭入侵生物的工程示范及技术推广应用。侯保荣明确提出"海洋腐蚀环境"概念，建立了海洋腐蚀环境的理论体系，成功应用于重要设施关键部位的腐蚀防护，填补了中国相关技术领域空白。俞志明等研发的改性黏土应急治理赤潮技术落地智利后，反响很好；中美两国海洋研究机构签署了利用中国改性黏土技术，应对佛罗里达沿海赤潮灾害的合作协议，标志着该技术已经达到国际领先水平，在全球赤潮治理领域起到引领作用，并在国际上得到了广泛应用。戴民汉等系统研究了中国近海与主要河口碳循环，揭示其 CO_2 源汇格局、关键控制过程与机理。提出物理-生物地球化学耦合诊断方法定量解析边缘海 CO_2 源汇格局。张经等在系统地研究中国河口中痕量元素与生源要素行为的基础上，提出了高浑浊河口的生物地球化学理论与物质循环模式；剖析了痕量元素与生源要素通过大气沉降向中国海域输运的特点，发现了它与初级生产过程之间的内在联系，为诊断大气沉降对西北太平洋边缘海的影响提供了一个参比体系；发展了边缘海的生源要素收支模式，揭示了中国海的生物地球化学过程的内在驱动机制和变化特点。

此外，"海水中无机离子交换的分级平衡理论"获得全国科学大会奖（1978 年）、"海水提碘研究"获得山东省科学大会奖（1978 年）、海水电导盐度计获得全国科学大会重大科技成果奖（1978 年）和国家科学技术发明奖四等奖（1983 年）、"海洋钾肥资源的化学研究"获得国家教育委员会科学技术进步奖二等奖（1988 年），《渤黄东海海洋化学》获得中国科学院自然科学奖二等奖（1992 年）、《海藻化学》（1997 年）多次获得省部级科技成果奖，"南沙群岛及其邻近海区资源、环境和权益综合调查研究"获得国家科学技术进步奖二等奖（1999 年）。

海洋技术与装备取得了重大进展

图 1-27 2004 年 6 月我国首台拥有全部自主知识产权的大型蒸馏法海水淡化装置在青岛华欧集团黄岛电厂建成并一次试车成功

海水淡化

1981 年成功研制西沙日产 200 吨电渗析淡化装置，从而结束了西沙驻军饮用水供给不足的历史，填补了国内该领域的空白。我国海水淡化技术在"九五"期间取得突破；"十一五"期间，中国开展了万吨级海水淡化技术研究及工程示范。高从堦等完成的"国产反渗透装置及工程技术"，成果达先进水平。侯纯扬主持的"海水循环冷却技术研究与工程示范"也取得了重要成果。李华军主持的"浅海导管架式海洋平台浪致过度振动控制技术的研究及工程应用"获得重要成果。中国在近海油气勘探开采方面的科研工作也取得重大进展，其中"中国近海油气勘探开发创新体系建设"获 2010 年度国家科学技术进步奖一等奖。

海洋调查观测装备方面取得重要进展。首先是海洋卫星在此期间先后成功发射并正常运转。各类深潜器纷纷下水入列，特别是"蛟龙"号载人潜水器的成功研制，为我国深海探测提供了有力有效的技术支撑。同时，海洋观测浮标（如锚系浮标、Argo 浮标和潜标系统）研制的成功及应用，也推动了我国海洋观测和研究的不断进步。

（四）伟大复兴，海洋科技全面加速发展

2013 年 7 月 30 日，习近平总书记在中央政治局集体学习时强调，要发展海洋科学技术，着力推动海洋科技向创新引领型转变……要搞好海洋科学技术创新总体规划，坚持有所为有所不为，重点在深水、绿色、安全的海洋高技术领域取得突破。尤其要推进海洋经济转型过程中急需的核心技术和关键共性技术的研究开发。

国家重大海洋科技能力建设成就斐然

2018 年中国海洋一号 C 卫星（HY-1C)、海洋二号 B 卫星（HY-2B）及中法海洋卫星相继研发和发射成功，不仅组建了中国首个海洋民用业务卫星

图 1-28
海洋卫星发射

星座，而且开启了世界首个海洋动力环境监测网建设的新征程。青岛海洋科学与技术试点国家试验室于 2015 年 6 月开始正式运行，更有效地汇聚起一大批优质海洋创新资源和创新团队，开展了许多原创性研究，进一步提升了中国海洋科技自主创新能力，引领中国海洋科学技术的创新发展。

深远海调查和大洋、南北极科学考察深入开展。以"雪龙"号破冰科考船为主的多航次、多时段对南大洋、北冰洋等海域进行了综合科学考察。其间，在南极内陆建成了南极泰山站，并在南极罗斯海地区开始筹建中国第五个南极考察站。以"向阳红 09"号船、"探索一号"船为母船的"蛟龙"

图 1-29 "雪龙 2"号破冰科考船

号、"深海勇士"号等载人深潜器在太平洋结壳区、印度洋热液硫化物区、马里亚纳海沟等海域进行了海底锰结核、富钴结壳、热液硫化物、海洋环境、海洋生物多样性等方面的精细化调查研究。2020年11月10日8时12分，我国"奋斗者"号载人潜水器在地球"第四极"——马里亚纳海沟创造了10 909米的中国载人深潜新纪录，标志着我国在大深度载人深潜领域达到世界领先水平。

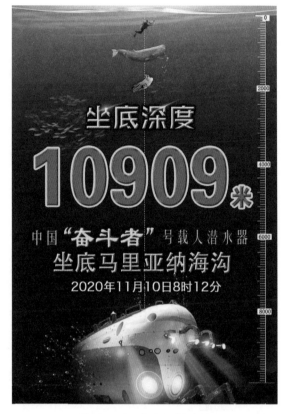

图 1-30　中国载人深潜新纪录

海洋科学研究取得了令人瞩目的成果

　　物理海洋学研究方面，胡敦欣领衔17位国内外海洋学家和气候学家合作撰写的《太平洋西边界及其气候效应》在《自然》(*nature*) 杂志上发表，这是中国科学家首次在 *nature* 杂志上发表的海洋领域研究综述性论文。吴立新领衔完成的成果"大洋能量传递过程、机制及其气候效应"初步回答了全球气候变化下海洋能量及热量输运机制及造成的海温异常对大气的反馈作用。王东晓的"南海与邻近热带区域的海洋联系及动力机制"在业内得到了普遍认可。中国首次发布了2005—2011年南极洲冰架崩解数据集,这是迄今人类对南极冰架崩解做出的较为精确和细致的度量。

海洋化学研究方面,浅海有机地球化学、海藻资源化学利用取得丰富成果,其中2012年出版了《南海海洋化学研究》,2016年出版了《北极海域海洋化学与碳通量考察》,2017年出版了《中国近海海洋图集·海洋化学》。同时,侯保荣等在"海洋工程设施腐蚀研究与防护技术"、白敏冬等在"基于羟自由基高级氧化快速杀灭海洋有害生物技术"、俞志明等在"改性黏土治理赤潮技术"等研究方面都取得丰硕成果。

海洋地质学研究方面,2014年3月汪品先主持了国际大洋发现计划(International Ocean Discovery Program,IODP)新十年首个航次,在南海4000多米的深海钻取了南海大洋地壳的岩样,研究确定了南海最终形成的年龄。2018年,根据已有资料和最新研究成果,刘光鼎主编完成了1∶500万的《中国海陆地质地球物理系列图》8种专题图件的编制,专题图恢复了中国主要块体的古纬度,并展示了中国大陆构造演化过程。

黄宗国和林茂编著的《中国海洋生物图集》两卷于2012年出版。上卷《中国海洋物种多样性》收录了中国海洋生物59门类28 000余种;下卷《中国海洋生物图集》收入18 000余种物种形态图。这是我国大陆(内地)、台湾、香港100多位海洋生物学家,对近100年来中国海洋生物记录进行系统总结的集体结晶,全面完善和更新了中国海洋生物种类的名录信息。

海水养殖方面,中国已掀起了以海参、鲍鱼养殖为代表的第五次海珍品养殖浪潮。现今正在打造具有生态修复和资源增殖功能的现代海洋牧场,拉开了第六次海水养殖产业浪潮的帷幕。

海洋生物全基因组测序与精细图谱构建方面，2012年多国共同完成了11种海洋生物全基因组解析，其中中国完成4种。

浒苔绿潮对中国东部海域生态环境、水产养殖及旅游业造成潜在威胁。中国学者经过努力，在黄海绿潮藻的物种鉴定，浒苔生活史与微观繁殖，浒苔的生理、生态及其溯源等方面取得了突破。

海洋装备技术取得突破性进展

2012年"海洋石油981"深水半潜式钻井平台在南海首钻成功，实现了中国海洋油气资源开发由浅海向深海的历史性跨越。深海运载工具方面也取得了丰硕成绩，成功地研制了多种无人深潜器、水下机器人和载人潜水器。其中"蛟龙"号在2012年6月创造了作业型载人深潜器下潜的新的世界纪录。2020年11月10日"奋斗者"号载人深潜器在马里亚纳海沟创造了载三人深海作业的世界纪录，从此中国科学家可以到任何一个海域深度进行科学考察，称为"全海深"。

图1-31 海工装备里的"航空母舰"——"海洋石油981"

蛟龙探海

梦想启航

第二篇
扬帆远航，海洋强国走向世界

大国崛起，首先要在海洋上崛起。当前，中国海洋事业的发展已经站在新的历史起点上，正面临着难得的机遇。无论这是海洋强国梦的开始还是延续拓展，它都代表着新时期实施海洋战略、建设海洋强国的扬帆远航。

观沧海
（海洋卫星之歌 MV）

深海之路

中国第 33 次
南极考察汇报

一、查清中国海，走向深海大洋，挺进南北极

海洋与国民经济和国防建设息息相关，海洋兴，则中国兴。

1977 年底我国提出"查清中国海、进军三大洋、登上南极洲，为在本世纪实现海洋科学技术现代化而奋斗"的战略目标。国家把顶层设计作为海洋事业发展的首要任务，在几十年一系列摸清海洋家底行动的基础上，不断完善海洋战略规划体系，提升海洋科技基础设施和能力，基本形成了服务经济建设、发展高新技术、加强基础研究三个层次的战略格局。

> **查清中国海：全面摸清家底**

海洋科学是一门以观测为基础的学科，且其学术思想和研究水平的提升都离不开观测及其数据的长期积累。作为海洋科学研究和开发利用的基础性工作，海洋调查具有极为重要的作用。20 世纪 90 年代，《联合国海洋法公约》生效，涉及各国海洋的划界问题。对我国，划界的基础就是"查清中国海"，

图 2-1 渤海

图 2-2 黄海

图 2-3 东海　　　　　　　　　　　　　　　　　　　　图 2-4 南海

获得近海海域的详细资料。另外，从国家自身角度讲，无论是海洋开发利用还是海洋保护都需要了解中国近海海域情况，"服务国计民生"是海洋调查的首要任务。

进军深海大洋：实施全球海洋研究和开发战略

1970 年联合国大会宣布国际海底区域及其资源是全人类的共同继承财产。国际海底区域是国家管辖海域以外的海床洋底及其底土，约占地球表面积的 49%，区域内蕴藏着丰富的战略金属、能源和生物资源。西方各国从 20 世纪 50 年代末开始投资进行国际海底区域活动，抢先占有最具商业远景的多金属结核富矿区，并且基本形成了多金属结核商业开采前的技术储备，等待商业开采时机的到来。我国矿产资源人均占有量远远低于世界人均水平，进军深海大洋、向深海大洋要资源是必然选择。随着国力的增强，中国海洋科学走向了世界，不只是研究"海"，也研究"洋"，在查清中国海的同时，"进军三大洋"的任务一直在稳步向前推进。

登上南北极：参与人类未来命运探索

　　地球的南北两极，是全球变化的驱动器、全球气候变化的冷源，是科学研究和实验的圣地，与全球环境变化、人类的可持续发展和生存休戚相关。尤其是南极，在全球变化特别是全球气候变化研究中起着不可替代的关键作用。20 世纪已有 40多个国家在南极建立了 100 多个科学考察站，有多项重大科学研究在南极取得突破性进展，如南极大气层中臭氧空洞的发现与研究、南极冰下大湖（东方湖）的发现与研究等。

　　极地科学考察有 51 个国家参与，是一个国家综合国力、高科技水平在国际舞台上的彰显和角逐，在政治、科学、经济、外交、军事等方面都有其深远和重大意义，受到各国政治家和全球科学家的高度重视。我国极地科学考察事业从无到有，用时之短、成果之丰令人惊叹。

图 2-5 中国南极中山站

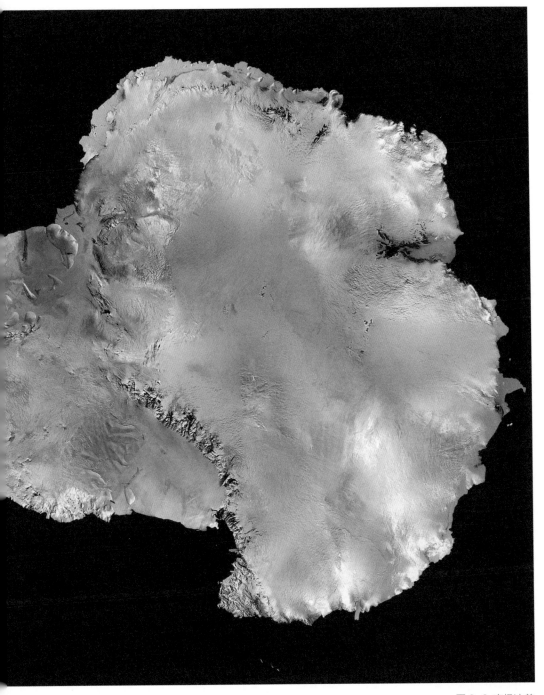

图 2-6 南极冰盖

（一）向前！向前！向阳红

1976 年 2 月，毛泽东同志审阅了"向阳红"编队的远洋计划，对于这次远航，充满了期待！1976 年 3 月 30 日，"向阳红"编队向大洋深处驶去。尽管中国从汉代就开启了"海上丝绸之路"，但从未对任何一个大洋开展过有现代意义的科学调查，"向阳红"编队每向前航行一海里，都标志着中国海洋事业发展上历史性的前进，都是在海洋中留下中国海洋事业发展的历史印证。

图 2-7 "向阳红 10" 号（原）

砥砺前行，科教兴海

1958 年 2 月 24 日至 4 月 27 日，联合国海洋法第一次会议在瑞士日内瓦举行，80 多个国家的代表参加会议。大会通过了《领海及毗连区公约》《公海公约》《大陆架公约》《捕鱼及养护公海生物资源公约》，由此引发了全球海洋意识的高涨。

海洋高等教育，是海洋事业发展的需要，是人才培养的摇篮。中华人民共和国成立后于 1952 年组建中国第一所本科水产高等学府——上海水产学院，1953 年组建中国第一所本科海运高等学府——大连海运学院，1958 年组建舟山水产学院，1959 年组建上海海运学院等本科水产、航运高等学府。1959 年，中国成立第一所独立的海洋高校——山东海洋学院。1988 年，山东海洋学院更名为青岛海洋大学，又于 2002 年更名为中国海洋大学。1997—2016 年，浙江水产学院、湛江水产学院、上海水产大学、大

图 2-8 厦门大学海洋系欢送第一届毕业同学

连水产学院先后更名为海洋大学，厦门水产学院则于 1994 年与集美师范高等专科学校、集美航海学院、集美财经高等专科学校、福建体育学院等组建成为以海洋学科为特色的集美大学。海洋高等教育成为我国台湾地区高等教育的一大亮点和特色。1953 年，台湾海事专科学校成立，1964 年更名为台湾海洋学院。1989 年又更名为台湾海洋大学，得到重点建设。2004 年，高雄海洋技术学院也升格为高雄海洋科技大学 (2018 年与高雄应用科技大学、高雄第一科技大学合并组建为高雄科技大学)。此外，还有台北海洋技术学院等海洋高校。另在台湾大学、台湾成功大学、台湾中山大学、台湾交通大学、东海大学、澎湖科技大学等高校，也设有海洋科学方面的学科与专业。

中国近代海洋学研究始于 20 世纪初，进入民国时期，专门从事海洋科学研究的中国海洋研究机构陆续成立。但海洋科研人才极少，50 年代初仅约 20人。中华人民共和国成立后，1949 年 10 月 19 日，中央人民政府任命郭沫若为中国科学院院长，陈伯达、李四光、陶孟和、竺可桢为副院长。1949 年 11月 1 日，中国科学院宣告成立。童第周、曾呈奎联名致函陶孟和与竺可桢，建议在青岛建立海洋研究所。自 1950 年起，我国陆续建立起一批新的海洋研究机构。1950 年 8 月中国科学院水生生物研究所建立青岛海洋生物研究室，这是新中国的第一个专业海洋研究机构。1957 年 8 月，中国科学院海洋生物研究室扩建为中国科学院海洋生物研究所。

党的十八大以来，海洋科学技术进入了跨越式发展期，海洋科技人才队伍呈"指数式"发展壮大，海洋科学研究能力和条件进一步优化提升。截至 2019 年，中国已有涉海科研机构约 180 个，全国一级涉海科技社团 10 余个，整建制"海洋大学"超过 10 所，二级"海洋学院"近 50 家，海洋科技人员约 5 万人，加上地方的科研机构，中国海洋科技人员总量超过 10 万人。其中，涉海中国科学院院士和中国工程院院士 50 多人，成为推动中国海洋科学技术发展的领军人物。

表 2-1　我国海洋研究机构

性质和专业方向	机构
从事海洋基础科学研究和应用科学研究的综合性海洋研究机构、专业性海洋研究机构	中国科学院海洋研究所，中国科学院南海海洋研究所，自然资源部第一、第二、第三、第四海洋研究所，中国海洋大学海洋地球化学研究所，厦门大学亚热带海洋研究所，福建海洋研究所以及华东师范大学河口海岸研究所等
从事海洋资源调查、勘探、评价和开发技术研究的专业性研究机构	农业农村部各海洋水产研究所，青岛海洋地质研究所和各海洋地质调查大队，自然资源部天津海水淡化与综合利用研究所，中盐制盐工程技术研究院等
从事海洋仪器、设备研制和海洋技术开发的研究机构	国家海洋技术中心、中国科学院声学研究所、山东省海洋仪器仪表研究所等
从事海洋工程技术的研究机构	各船舶工程、海港工程、海运部门的研究所，华东水利学院海洋工程研究所，大连理工大学海洋工程研究所等
从事海洋环境科学和科学技术服务的研究机构	国家海洋环境监测中心、国家海洋环境预报中心、国家海洋信息中心、国家卫星海洋应用中心、中国科学院海洋研究所、中国科学院南海海洋研究所、中国科学院烟台海岸带研究所、中国科学院三亚深海科学与工程研究所等

技术创新，助力海洋科考

进入 21 世纪以来，我国海洋科学事业发展达到阶段性高峰。海洋科学考察事业历经 60 多年的光辉历程，中国自主研发、建造的海洋重要技术装备海洋卫星、深海运载器、海洋科考船、海洋浮标等已进入了世界先进行列。"向阳红"系列科考船与我国其他海洋科考船，共同为我国海洋事业的发展和全球海洋调查与科学研究，从近海到远洋，从浅海到深海、大洋、南北极，从区域到全球，一直向前！

自 1957 年中华人民共和国第一艘改装而来的现代化海洋科考船始，"向阳红"号、"东方红"号、"大洋"号、"科学"号、"实验"号等系列科考船相继问世，这些船的典型特点是既与国际接轨，又充分考虑了我国海洋科研工作的实际需要，船型创新，理念先进，奠定了我国海洋调查事业走向

图 2-9 "向阳红"系列调查船

纵深的基础，为我国海洋科学考察研究提供了强有力的保障，极大地提高了我国海洋事业的国际地位，同时也预示着我国海洋事业进军大洋、走向世界。

海洋调查船的发展见证了中国海洋科学技术的发展。自20世纪50年代以来，中国海洋调查船的尺寸、吨位从小到大，调查能力从中国沿岸浅海延伸到深海大洋、南北两极，调查内容也从单一学科调查转化为多学科、多技术、多维度综合性科学考察。目前，中国拥有了"雪龙"号系列破冰

图2-10 "雪龙2" 号

图2-11 "大洋一号"

科考船，"向阳红"号、"大洋"号、"科学"号、"东方红"号、"实验"号、"海洋地质"号等系列综合海洋科考船以及"海大"号、"嘉庚"号等海洋科考船，其中大部分海洋调查船是近10年中国自主设计建造的，具有全球航行和全天候观测能力，总体技术水平和考察能力达到国际新建和在建综合调查船的同等水平，可在国际海域无限航区开展调查。

目前，中国自主研发、建造的海洋重要技术装备，如海洋调查船、深海运载器、海洋浮标、海洋卫星等已进入了世界先进行列。进入 21 世纪以来，中国围绕深海大洋调查观测，在前期工作积累的基础上，逐步建立了以"蛟龙"号、"深海勇士"号、"奋斗者"号等载人潜水器，"海马"号、"海龙"系列等无人有缆潜水器以及"潜龙"系列、"海斗"号等无人自治航行器，"海燕"系列、"海翼"号等水下滑翔机，锚系浮标、Argo 浮标及潜标系统，海洋一号（HY-1）系列卫星、海洋二号（HY-2）系列卫星及高分三号（GF-3）卫星为代表的海洋水色、海洋动力环境及海洋监视监测系列卫星，东海、南海、"透明海洋"海底观测网等适应多尺度、多环境和多学科联合的多类型海洋调查监测与观测平台。

"海龙"

图 2-12 "海龙"系列

图 2-13 "海翼"号

"潜龙"

图 2-14 "潜龙"系列

表 2-2　"向阳红"系列海洋调查船

舷号	类型	建造年度	排水量（吨）	建造单位
向阳红 01	水文天气船	1970 年	1 120	江南造船厂
向阳红 02	水文天气船	1972 年	1 179	广州造船厂
向阳红 03	水文天气船	1973 年	1 179	广州造船厂
向阳红 04	水声船	1972 年	1 165	江南造船厂
向阳红 05	大洋考察船	1972 年	14 500	由运输船"长宁号"改装
向阳红 06	水声船	1973 年	1 165	广州造船厂
向阳红 07	综合调查船	1974 年	1 179	芜湖造船厂
向阳红 08	综合调查船	1975 年	1 179	芜湖造船厂
向阳红 09	远洋综合调查船	1978 年	4 435	沪东造船厂
向阳红 10	远洋综合调查船	1979 年	13 000	江南造船厂，1998 年改装为"远望 4"号航天远洋测控船
向阳红 11	"718"工程任务船	不详		由商船改造，任务结束后改回
向阳红 12	"718"工程任务船	不详		由商船改造，任务结束后改回
向阳红 13				空舷
向阳红 14	远洋综合调查船	1981 年	4 435	沪东造船厂
向阳红 15				因故未建
向阳红 16	远洋综合调查船	1981 年	4 435	沪东造船厂
向阳红 20	远洋综合调查船	1969 年	3 090	
向阳红 21	远洋电子技术侦察船	1982 年	4 435	沪东造船厂，沉没
向阳红 28	近中海侦察船	1986 年	2 198	武昌造船厂

注："向阳红"系列海洋调查船的名字在当年令很多人向往，这是我国海洋事业第一次出现序列化的海洋调查船。"向阳红 01"号名号的写法、字体颜色等备受全体船员的关注，经充分研究最后决定用毛泽东主席的字。选取"向雷锋同志学习"的"向"字，"阳"字是在毛泽东诗词中找到的，"红"字则利用《红旗》杂志的"红"字。"向阳红"三个大字字高约 1 米。

（二）雪龙！蛟龙！向海天

海洋科学是一门以观测为基础的学科，且其学术思想和研究水平的提升都离不开观测及数据的长期积累。海洋上大范围、准同步和深层次调查资料的匮乏以及观测数据质量的参差不齐，制约了海洋科学的发展。我国先后出台了《海洋观测预报管理条例》《全国海洋观测网规划（2014—2020年）》《海洋气象发展规划（2016—2025年）》等多项海洋规划和条例，对加大海洋观测基础设施投入、提高观测仪器设备的先进性、建设海洋观测体系、规范海洋观测管理、积极参与国际观测计划等起到显著的推动作用。

图 2-15 "天空之船" ——"雪龙 2"号

纵横四海，上天入海

中国位于亚洲大陆东部，东临浩瀚无边的太平洋，是海洋大国。中国从北到南依次分布着渤海、黄海、东海和南海四个边缘海。中国大陆海岸线北起鸭绿江口，南至北仑河口，长约 18 000 千米。在我国广阔的海域中分布着 11 000 多个岛屿，岛屿岸线长约 14 000 千米。

2017 年 5 月，国家重大科技基础设施"国家海底科学观测网"立项，将在东海和南海的海底分别建立主要基于光电复合缆连接的海底科学观测网，实现从海底向海面的全方位、综合性、实时的高分辨率立体观测。"十三五"重大涉海工程国家全球海洋立体观测网，其核心构成是国家基本海洋观测网和地方基本海洋观测网。其中，国家基本海洋观测网包括国家海洋站网、海洋雷达站网、浮潜标网、海底观测网、表层漂流浮标网、剖面漂流浮标网、志愿船队、国家海洋调查船队、卫星海洋观（监）测系统、海洋机动观（监）测系统及服务和保障系统。

1976 年"向阳红 05"号船在太平洋海域进行首次远洋科学调查之前，我国的海洋观测和调查主要在我国近海进行。2005 年"大洋一号"科学考察船从青岛港起航，开始执行我国首次横跨三大洋的环球科学考察任务。

载人潜水器的最大下潜深度分别是 2012 年"蛟龙"号下潜 7062 米；2020 年"奋斗者"号坐底马里亚纳海沟，创造了 10 909 米的中国载人深潜新纪录。

2018 年，我国先后发射了海洋一号 C 卫星、海洋二号 B 卫星和中法海洋卫星，开启了我国海洋卫星业务化观测时代。2020 年 6 月，我国发射了海洋一号 D 卫星，与海洋一号 C 卫星构建了我国首个海洋水色业务卫星星座。

2020年9月、2021年5月分别发射了海洋二号C卫星和海洋二号D卫星，与海洋二号B卫星共同构建了世界首个三星组网的海洋动力环境卫星星座。

"雪龙2"号极地破冰科考船是中国自主建造的首艘破冰船，是全球第一艘采用船首、船尾双向破冰技术的极地科考破冰船，于2019年7月11日交付使用。该船装备了国际先进的海洋调查和观测设备，实现了科学考察系统的高度集成和自洽，是第一艘获得中国船级社颁发智能符号的极地破冰科考船，极大地提升了中国在极地洋区开展科学考察的能力。

雪龙探极，南北呼应

南极、北极是全球变化和地球系统科学研究的前沿，也是建立全球生态安全屏障、构建人类命运共同体的重要组成部分。中国在进军三大洋的同时，于1984年组建了第一支中国南极科学考察队，乘"向阳红10"号科考船和海军"J121"打捞救生船在同年首次登上了南极洲，由此拉开了中

图2-16"向阳红10"号

国极地科学考察的序幕。这
期间，中国对南大洋也开始
了首次科学考察，并在物理
海洋学、气象学、化学和生
物学等方面获得了大量宝贵
的资料，填补了中国对南大
洋调查与研究的空白，也为
人类和平利用南极做出了贡
献。"首次南大洋考察"获

图 2-17 2013 年 1 月中国在南极深冰芯钻探实现零的突破

得国家科学技术进步奖一等奖。

　　我国对南极的科学考察始于 1984 年，对北极的科学考察始于 1999
年。中国先后于 1985 年 2 月、1989 年 2 月、2009 年 1 月、2014 年 2
月在南极建成了长城站、中山站、昆仑站和泰山站 4 个中国南极科学考察
站。其中，昆仑站和泰山站为南极内陆科学考察站。2018 年 2 月，中国第
五个南极科学考察站——罗斯海新站已在南极的恩克斯堡岛破土建设，预
计在 2022 年建成。2004 年 7 月，在挪威的斯匹次卑尔根群岛建立了中国
第一个北极科学考察站——黄河站。该站的建立，为研究空间物理、空间
环境探测等众多学科前沿问题提供了极其有利的条件。2018 年 10 月，中
国和冰岛共同筹建的中-冰北极科学考察站建成并正式运行，成为中国第二
个北极综合研究基地。随着 2019 年"雪龙 2"号船的交付使用，我国开启
了"双龙探极"的时代，已可以在国际海域无限航区开展调查。

　　自 1984 年以来，中国每年都派出科学考察队搭乘"极地"号科考船、
"雪龙"号极地科考船前往南极，开展包括地质、气象、陨石、海洋、生物

等在内的多学科考察。截至 2020 年，中国已对南极进行了 36 次科学考察，并圆满完成了各次考察预定任务。

1997—1998 年，中国开启了南极内陆冰盖考察的序幕，并第一次从南极带回陨石样品。2002 年，中国首次在南极埃默里冰架钻探成功，收集了大量陨石，在南极冰盖研究、地质研究、陨石研究和南大洋研究等方面取得了丰硕成果。2005 年 1 月，中国第 22 次南极科学考察队登上了海拔 4093 米的南极内陆冰穹 A，这是人类首次登上南极内陆冰盖最高点。至此，南极的 4 个要点全部被人类征服：极点（美国），冰点（俄罗斯），磁点（法国），高点（中国）。2013 年 1 月，在中国第 29 次南极考察中，在昆仑站科学考察区域成功钻取南极深冰芯，使中国深冰芯科学钻探工程实现了零的突破，为中国开展全球气候变化研究创造了有利条件。

2019 年 11 月至 2020 年 4 月，在中国第 36 次南极考察中，"雪龙"号极地科考船在罗斯海鲸湾水域抵达南纬 78 度 41 分，刷新了全球科考船

图 2-18 "双龙"探极

在南极海域到达最南端的纪录，这在世界航海史上具有里程碑意义。2017年1月，中国首架极地固定翼飞机"雪鹰601"号成功降落在南极冰盖之巅，创南极航空新纪录，这标志着中国南极科学考察"航空时代"由此来临。从此，"雪鹰601"固定翼飞机、"雪龙"号系列极地科考船和5个南、北极科学考察站，基本构成了中国极地海陆空立体化协同考察体系，为中国从极地大国迈向极地强国奠定了重要基础。

1999年7月1日，以"雪龙"号极地科考船为平台，中国开始了对北极的首次科学考察。此次考察不仅获得了一大批珍贵的数据和样品，而且还首次确认了"气候北极"的地理范围，发现了北极地区对流层存在偏高的现象，这对研究全球气候变化具有重大意义。继首次北极科学考察之后，中国又先后开展了10次北极科学考察，对白令海、楚科奇海、加拿大海盆、东西伯利亚海、拉普捷夫海、喀拉海和巴伦支海等北冰洋区域进行了多学科综合考察。"雪龙"号极地科考船最北到达北纬88度26分，并成功地实施了环北冰洋考察，创造了中国航海史上的新纪录，获得了一大批有价值的科学数据与样本，进一步提升了中国对北冰洋区域的科学认识。

南北极作为地球的两大冷源，左右着全球冷暖过程，在包括两极海域在内的极地地区形成立体观测能力，对于掌握全球气候变化、分析重大气象过程的产生和发展机理等具有重大意义。中国一直致力于极地进入、极地科学考察能力建设。我国在极地已经形成了站基、海基、空基、冰基等构成的立体海洋观测网络，海 -冰 -气无人冰站观测系统实现对北极海洋、海冰和大气的全要素观测，将为研究北极海冰变化过程和机理、准确预测北极气候和海冰变化趋势等提供科学数据支撑，为冰上丝绸之路的建设提供保障。

（三）创新！向海图强

海洋对人类社会生存和发展具有重要意义，海洋孕育了生命、联通了世界、促进了发展，海洋是高质量发展战略要地。世界强国，必然是海洋强国。18 000 多千米的大陆海岸线，14 000 多千米的岛屿岸线，勾勒出我国辽阔的海疆。600 多年前，郑和率庞大船队下西洋，传播了中华文明，为世界航海事业和人类文明进步做出了巨大贡献。而今，中国这艘巨轮重整旗鼓，再次扬帆远航。我国正在加快海洋科技创新步伐，提高海洋资源开发能力，培育壮大海洋战略性新兴产业，促进海上互联互通和各领域务实合作，积极发展"蓝色伙伴关系"，推动构建海洋命运共同体。在富饶美丽的蓝色国土上，让"海洋梦"成为托起中华民族伟大复兴"中国梦"的重要基石之一。

> ### 创新发展，海洋强国

党的十八大报告首次提出"建设海洋强国"，党的十九大报告明确要求"坚持陆海统筹，加快建设海洋强国"。2018 年在两院院士大会上，习近平总书记从党和国家事业发展的全局出发，提出要着力增强自主创新能力，要以全球视野谋划和推动科技创新。经过几十年的发展，我国海洋研究取得了长足的进步，特别是党的十八大以后海洋科学领域也取得了很多创新性成果，以科技创新支撑引领海洋强国建设，践行中国特色产业科技创新之路。

2012 年，历时 8 年多的"我国近海海洋综合调查与评价专项"调查

（"908"专项）圆满完成。实现了对中国近海约 150 万平方千米海域和海岛海岸带环境资源的全学科、全要素、全方位、全覆盖系统掌握和综合认知，摸清了中国近海海洋资源环境家底；获得了中国近海资源环境高精度基础数据，建成了中国近海高精度的海洋大数据源；推进了中国近海环流、海洋生态和地质环境演变等基础理论向集成化、体系化的转变。

　　2015 年由我国"大洋一号"科考船执行的大洋 34 航次第五航段对中印度洋海盆约 85 万平方千米的海底开展了调查。现场测试和实验室分析在多站沉积物中检测到较高的稀土含量，达到了"成矿"条件。这是国际上首次在印度洋发现大面积富稀土沉积，具有重要的科学和实际意义。

"可燃冰"试采

　　2016 年我国发现"海马冷泉"，这是中国天然气水合物（又称"可燃冰"）勘探获得的重大突破。2017 年 5 月 18 日南海神狐海域天然气水合物试采成功。我国成为世界上首个成功试采海域天然气水合物的国家。

图 2-19　天然气水合物

　　2018 年我国"向阳红 01"号船历时 263 天，行程 38 600 海里，跨越印度洋、南大西洋、整个太平洋，圆满完成中国首次环球海洋综合科学考察，取得了多项突破性成果。首次在南极发现海底热液与冷泉并存现象；首次在南极海域的海水中发现了微塑料；实现了资源、环境、气候三位一体的高度融合。

　　2021 年 1 月 3 日，"向阳红 01"号船首次成功布放洋底综合观测潜标，为探索印度洋海岭的地球深部过程和动力学机制获取第一手科学观测资料。

我国科学家对40多年前外国学者提出并沿用至今的"地幔羽"假说进行了挑战，提出颠覆性理论"光滑洋壳的俯冲较粗糙洋壳的俯冲更易产生毁灭性的海底大地震"，引发国际关注；在石油降解微生物方面的研究取得重要进展，对于防治海洋石油污染、开发石油烷烃的生物传感器以及高效石油降解菌剂有着里程碑意义。

我国南海是新生代以来海底扩张形成的深水盆地。然而，关于南海海盆岩石基底的组成、下部软流圈地幔的性质以及导致海盆打开动力过程的"神秘面纱"尚未揭开，或存在很大争议。我国科学家首次对南海扩张期洋壳玄武岩研究取得了突破性进展，该研究认识到南海在扩张期存在一个印度洋型的软流圈地幔。南海东、西两个次海盆基岩组成存在很大差异，体现了南海两个次海盆地幔经历了不同的演化历史。南海海底扩张过程中，其下部地幔化学组成受到地幔柱和拆离陆壳的双重影响。

赤潮是一种全球性海洋生态灾害，如何有效治理赤潮是一项世界级科

浒苔与赤潮

图 2-20 赤潮

图 2-21 2018 年 10 月 23 日港珠澳大桥正式开通

技难题。我国科研人员历时 20 多年科研攻关，发明了改性黏土治理赤潮的技术与方法，攻克了赤潮治理长期存在二次污染、效率低、成本高、不能大规模应用等技术难题，实现了海洋环保领域重大突破。迄今，该技术已在我国近海 20 多个水域大规模应用，成功保障了滨海核电冷源等一系列重要水域的水环境安全，产生了显著的社会效益和经济效益。近年来，该技术又走出国门，在美国、智利、秘鲁等国家示范应用，被誉为"中国制造的赤潮灭火器""国际赤潮治理领域的引领者"，为国内外赤潮防控做出了突出贡献。2019 年，该技术获得国家技术发明奖二等奖。

海洋科学的发展和创新，促进了海洋技术各领域发展和创新，海洋工程和技术取得了突破性的成果。

港珠澳大桥跨越伶仃洋，东接香港特别行政区，西接广东省珠海市和澳门特别行政区，总长约 55 千米，是"一国两制"下粤港澳三地首次合作共建的超大型跨海交通工程。大桥开通对推进粤港澳大湾区建设具有重大意义。

"深海一号"集成了世界首创立柱储油、世界最大跨度半潜平台桁架式组块技术、首次在陆地上采用船坞内湿式半坐墩大合拢技术等 3 项世界级创新和 13 项国内首创技术，攻克 10 多项行业难题。"深海一号"能源站总重量超过 5 万吨，最大投影面积相当于两个标准足球场大小，总高度达 120米，相当于 40 层楼高，最大排水量达 11 万吨，相当于 3 艘中型航空母舰。

"海洋渔场 1 号"是世界首座、规模最大、自动化程度最高的深海养殖装备，其集先进养殖技术、现代化环保养殖理念和世界顶尖海工设计建造技术于一身，是海上养殖的划时代装备。由武船重工集团海工研究院为挪威设计和总包建造的"海洋渔场 1 号"，于 2017 年 6 月 3 日建成，6 月 17 日由青岛胶州湾发运，日夜兼程，历经 81 天于 9 月 6 日抵达挪威弗鲁湾，在

海洋渔场

图 2-22 "海 洋 渔场 1 号"

挪威业主海洋渔场公司和湖北海工院的共同准备和努力下，于 9 月 11 日挪威当地时间 16 时 58 分顺利完成卸货。

我国"海归"科学家团队历时 7 年成功研发的海洋能发电项目，在世界范围内率先实现了兆瓦级大功率发电、稳定发电、发电并网三大跨越。与国际同行相比，该项目所实现的技术路径在装机功率、发电稳定性、系统可靠性、环境兼容性等方面科技优势明显、应用价值突出，产业前景优秀。

中国首座自主设计、建造的第六代深水半潜式钻井平台"海洋石油981"，2012 年 5 月 9 日上午 9 时 38 分在中国南海海域首钻成功，标志着我国海洋石油深水战略迈出实质性步伐。2012 年，中国自主集成研发的 7000 米级深海气候观测系统"白龙"浮标正式布放安达曼海，这是中国唯一一个进入全球海洋观测系统的浮标，有助于提升中国参与全球天气和气候尺度的预报、预测能力。

图 2-23 "海洋石油 981"

"天鲲"号

"天鲲"号是目前亚洲最大、最先进的自航绞吸挖泥船，被称为"造岛神器"。"天鲲"号从设计到制造，

图 2-24 "天鲲"号

拥有完全自主知识产权,是国内第一艘采用全电力驱动型的自航绞吸挖泥船。它的挖掘能力位居世界前列,输送能力达到世界第一,适应恶劣海况的能力全球最强,并拥有国际领先的自航绞吸船智能集成控制系统。

我国自主研发的"海翼"号深海滑翔机,于 2017 年 3 月在马里亚纳海沟"挑战者深渊"完成了大深度下潜观测任务并安全回收,最大下潜深度达到 6329 米,刷新了水下滑翔机最大下潜深度的世界纪录。

我国第一艘自主建造的极地科学考察破冰船"雪龙 2"号于 2018 年 9月 10 日在上海下水,标志着我国极地考察现场保障和支撑能力取得新突破。船舶设计船长 122.5 米,船宽 22.3 米,吃水 7.85 米,设计吃水排水量约13 990 吨,航速 12 ~ 15 节,续航力 2 万海里,自持力 60 天,载员 90 人,能以 2 ~ 3 节航速在冰厚 1.5 米加 0.2 米雪的环境中连续破冰航行。

"雪龙 2"号

图 2-25 我想登上这艘船

2018 年 10 月 20 日，大型灭火 / 水上救援水陆两栖飞机"鲲龙"AG600 在湖北荆门漳河水上机场起飞，并在水上机场安全降落，圆满完成水上首飞重大试验。"鲲龙"AG600 成功首飞是继我国自主研制的大型运输机交付列装、C919 大型客机首飞之后，我国航空工业自主创新取得的又一重大科技成果。"鲲龙"AG600 飞机的成功首飞，对提升国产民机产品供给能力和水平，促进我国应急救援体系和自然灾害防治体系航空装备建设的跨越式发展，为"一带一路"提供海上航行安全保障和紧急支援等具有重要的意义。

2020 年 10 月 27 日，中国载人潜水器"奋斗者"号在西太平洋马里亚纳海沟成功下潜突破 1 万米，达到 10 058 米。2020 年 11 月 10 日 8 时 12 分，"奋斗者"号坐底马里亚纳海沟，创造了 10 909 米的中国载人深潜新纪录。"奋斗者"号是中国研发的万米载人潜水器，于 2016 年立项，由"蛟龙"号、"深海勇士"号载人潜水器的研发力量为主的科研团队承担。"奋斗者"号研制及海试的成功，标志着我国具有了进入世界海洋最深处开展科学探索和研究的能力，体现了我国在海洋高技术领域的综合实力。

互联互通，走向世界

海洋覆盖地球 70% 以上的表面，把人类联系在一起。人类从海洋获取资源，通过航海交换商品，传播文化。我们人类居住的这个蓝色星球，不是被海洋分割成了各个孤岛，而是被海洋联结成了命运共同体。中国近代海洋科学经过几代人的艰苦创业，从"跟跑"逐渐踏进了"并跑""领跑"的门槛。

改革开放释放的巨大能量提升了国家经济实力，促使中国海洋研究与开发进入了快速发展阶段。开放创新的理念和"科学技术是生产力"口号的提出，推动中国不断走向远海大洋，通过国际合作学习先进经验，交流互鉴，提升能力，探索海洋的未知领域。

我国的海洋双边国际合作始于 1956 年，海洋多边国际合作始于 1978 年。1956 年我国与苏联开展"中苏黄海和海南岛海洋生物联合考察"（1957—1960 年），1959 年中越合作进行北部湾海洋综合调查（1959—1965 年）。1978 年 12 月中国首次参加国际全球大气试验（FGGE），海洋科学研究开始介入国际前沿科学。同年，中美海洋代表团进行互访，开启国际海洋科技合作与交流之门。1980 年中美开展了"长江口及东海大陆架沉积作用过程联合调查"，1985—1990 年中美在赤道和热带西太平洋开展"海洋大气相互作用合作科学考察"（TOGA-COARE）。1986 年开始，中国开展了著名的"中日黑潮合作调查研究"和"中日副热带环流调查合作研究"。

中国海洋领域的国际合作实现了从无到有、由弱变强的历史性跨越，形成了全方位、多领域、多层次的海洋国际合作局面。高举和平、发展、合作旗帜的中国，正昂首阔步走上世界海洋舞台。

图 2-26 1983 年赤潮调查

图 2-27 1991 年中日黑潮合作调查

我国海洋科学家得到国际同行的公认

20 世纪 60 年代，文圣常推导的"文氏风浪谱"被多个国家翻译，被评为当年相关国际科学进展评论中的重要成果。后人在此理论基础上进行了大量的延伸工作，基于此发展的"理论风浪谱"研究达到国际先进水平。2001 年中国科学院院士曾呈奎教授荣获美国藻类学会"杰出贡献奖"。2004 年美国库什曼有孔虫研究基金会授予郑守仪 2003 年度"库什曼有孔虫研究杰出人才奖"。2020 年著名的甲壳动物学期刊 *Crustaceana* 刊发专刊纪念海洋底栖生物生态学奠基人和甲壳动物学开拓者、中国科学院院士刘瑞玉。2019 年和 2020 年中国科学院院士吴立新和中国科学院南海海洋所特聘研究员林间分别当选美国地球物理学会会士。2019 年吴立新院士荣获美国地球物理学会地球与空间科学领导力（Scientific Leadership）最高奖——Ambassador 奖。

我国科学家在国际组织担任重要职务或影响国际事务

1999—2003 年，苏纪兰连续两届担任联合国教科文组织政府间海洋学委员会主席。

2017 年，第 72 届联合国大会通过决议，宣布 2021—2030 年为"联合国海洋科学促进可持续发展十年"，联合国教科文组织政府间海洋学委员会从世界各国及不同组织中遴选出 19 名专家组成执行规划组，开展实施方案的编制工作，自然资源部第一海洋研究所乔方利研究员作为中国代表入选该专家组。

2019 年 1 月，全球海洋观测伙伴关系 (Partnership for Observation

of the Global Ocean，POGO) 第 20 次年会在佛得角明德卢召开。会议选举自然资源部第一海洋研究所所长李铁刚为该理事会理事，并决定由自然资源部第一海洋研究所于 2020 年在青岛承办 POGO 第 21 次年会。

2020 年 12 月，同济大学海洋与地球科学学院翦知湣教授在国际过去全球变化计划（Past Global Changes，PAGES）工作会议上当选为该科学指导委员会联合主席，自 2021 年 1 月开始，任期 3 年。这是该国际科学计划成立以来，首次由中国科学家担任这一职务。

我国或我国科学家发起国际计划

2010 年 5 月，中国发起首个海洋领域大规模国际合作调查研究计划——西北太平洋海洋环流与气候实验（NPOCE）国际合作计划。

2014 年，中国设计并实施了新 10 年"国际大洋发现计划"349 航次（IODP349 航次），这也是中国加入大洋钻探（ODP）计划后在南海实施的第二次大洋钻探。

重要国际组织机构落户中国

2002 年初中国正式加入国际 Argo 计划，并成立中国 Argo 实时资料中心。截至 2018 年底，我国共投放 Argo 浮标 400 个，其中自主研制的北斗剖面浮标 30 个。中国北斗剖面浮标数据中心的建立，使中国成为继美、法之后第三个为全球 Argo 海洋观测网提供剖面浮标数据服务的国家。

2010 年 5 月，自然资源部第一海洋研究所与联合国教科文组织政府间海洋学委员会正式签约成立联合国教科文组织政府间海洋学委员会海洋动力学和气候培训与研究区域中心。该中心是联合国教科文组织政府间海洋学委员会组建的第一个培训与研究中心，也是我国在联合国教科文组织框架下成立的第一个海洋领域的培训与研究中心。迄今为止，该中心已举办9届国际培训班，为来自世界各国的约400名青年科学家提供了培训。

2014年，世界气候研究计划（WCRP）下的4个核心子项目之一——"气候变率及其可预报性研究项目"（CLIVAR）落户青岛，标志着中国在国际最高级别科学计划的影响力有了跨越性的进步。

重要国际会议在中国举行

2011年11月，亚太经合组织（APEC）海洋可持续发展中心成立大会在北京举行。在中国成立APEC海洋中心是中国政府2010年6月在APEC海洋资源保护工作组第23次年会上提出的倡议，得到了APEC各成员的支持，获得一致通过，并写入了APEC第三届海洋部长会议《帕拉卡斯宣言》。

2012年5月，联合国教科文组织政府间海洋学委员会、世界气象组织亚太区域海洋仪器检测评价中心在天津正式成立。亚太区域中心挂牌成立，标志着我国在承担制定全球海洋观测标准，实现全球海洋观测数据资源共享，提升海洋观测质量等方面又迈出了坚实的一步。

2014年12月，东亚海环境管理伙伴关系计划（PEMSEA）中国第四期项目启动暨中国-PEMSEA海岸带可持续管理合作中心成立大会在山东省青岛市召开。

2015 年 10 月 19 日，北太平洋海洋科学组织（PICES）第 24 届年会开幕式在青岛举行。本届年会由国家海洋局与 PICES 共同主办，主题为"北太平洋的变化和可持续性"。

2016 年 9 月，有气候科学奥林匹克盛会之称的"气候变率及其可预报性研究项目"（CLIVAR)2016 年开放科学大会在青岛海洋科学与技术试点国家实验室隆重开幕。本次 CLIVAR 开放科学大会距 2004 年第一届开放科学大会已有 12 年之久，这也是我国首次举办世界最高水平的海洋与气候研究国际会议，本次会议为未来十年全球气候变化研究奠定基准和方向。

2017 年 4 月，联合国教科文组织政府间海洋学委员会（IOC）西太平洋分委会（WESTPAC）第十届国际科学大会在青岛召开。共有来自 WESTPAC 的 22 个成员及相关国际组织的 600 多名代表参会，大会主题为：海洋知识的推广及可持续发展——从印太地区走向全球。

2017 年 5 月 23 日，第 40 届南极条约协商会议在北京开幕。这是中国自 1983 年加入《南极条约》、1985 年成为南极条约协商国以来，首次担任东道国。中国是南极国际治理的重要参与者、南极科学探索的有力推动者、南极环境保护的积极践行者。自加入《南极条约》以来，中国坚持从维护《南极条约》的宗旨和原则以及国际社会整体利益出发，积极履行条约赋予的权利和义务，稳步推进南极事业发展，为人类认识、保护和利用南极贡献了自己的智慧和力量。2013 年，中国成为北极理事会观察员。

（四）生态！海丝！共命运

习近平总书记在党的十九大报告中提出，加快生态文明体制改革，建设美丽中国。在践行生态文明、建设美丽中国过程中，如何在近海落实"绿水青山就是金山银山"的理念，是我们必须面对的重大挑战。

> 海洋生态，文明建设

陆上人类活动的用海或海洋产业本身，都在利用海洋的生物、非生物资源或空间资源，而这些资源都与海洋生态环境有着紧密的联系，无法割裂。这些人类活动和海洋生态环境保护之间的关系若处理不好，反过来又将影响海洋经济的可持续发展。生态文明建设是关系人民福祉、关乎民族未来的大计，是实现中华民族伟大复兴的中国梦的重要内容。海洋生态文明建设是我国生态文明建设的有机组成部分，是建设海洋强国的重要根基和条件，是海洋强国建设的重要保障。

图 2-28 北仑河口风光

　　我们要像对待生命一样关爱海洋，实现人海和谐，要高度重视海洋生态文明建设，加强海洋环境污染防治，保护海洋生物多样性，实现海洋资源有序开发利用，为子孙后代留下一片碧海蓝天。

　　为科学地建设海洋生态文明，2015 年 7 月印发《国家海洋局海洋生态文明建设实施方案（2015—2020 年）》。2015 年 8 月 1 日，国务院印发《全国海洋主体功能区规划》。2016 年 6 月国家海洋局出台《关于全面建立实施海洋生态红线制度的意见》。

　　国家发展改革委、自然资源部发布的《全国重要生态系统保护和修复重大工程总体规划 (2021—2035 年)》显示，我国海洋生态保护和修复取得积极成效。陆续开展了沿海防护林、滨海湿地修复、红树林保护、岸线整治

图 2-29 近海风光

修复、海岛保护、海湾综合整治等工作，局部海域生态环境得到改善，红树林、珊瑚礁、海草床、盐沼等典型生境退化趋势初步遏制，近岸海域生态状况总体呈现趋稳向好态势。截至 2018 年底，累计修复岸线约 1000 千米、滨海湿地 9600 公顷、海岛 20 个。

海上丝路，构建大同

500 多年前开启的大航海时代，推动了全球化的历史进程。自此，海洋在全球性大国竞争中一直扮演着重要角色，海洋在国际政治、经济、军事、科技竞争中的战略地位明显上升，历史和现实都昭示着："海兴则国强民富，

海衰则国弱民穷。"海洋孕育了生命、联通了世界、促进了发展。我们人类居住的这个蓝色星球，不是被海洋分割成了各个孤岛，而是被海洋联结成了命运共同体，各国人民安危与共。

地球表面积约 71% 是海洋，海洋作为人类交往的重要载体和人们生活生产资源的重要提供者，是全人类的宝贵财富。面对海洋污染、海洋物种危机、海洋资源开发利用、航行安全、海上救援等全球性问题和战略利益分配与战略安全矛盾错综复杂的局面，任何国家和国际组织都不可能独立完成海洋开发和海洋治理的双重重任。只有以高度的国际责任感和全球性的战略视野看待海洋问题，坚持共同保护海洋生态环境，有序开发利用海洋资源，以平等协商的方式妥善解决海洋领域的分歧，才能在求同存异中找到人类共同和平利用海洋资源、保障海洋安全的有效路径，保护这一永续造福人类的"蓝色银行"。

2013 年 9 月和 10 月由中国国家主席习近平分别提出建设"丝绸之路经济带"和"21 世纪海上丝绸之路"（简称"一带一路"）的合作倡议。2017 年 7 月，国家主席习近平在中俄领导人会晤时正式提出要开展北极航道合作，共同打造"冰上丝绸之路"。"冰上丝绸之路"是"一带一路"的延伸。"一带一路"的推进过程是世界文化和发展理念的大融合过程，同时也是新体系和新秩序建立的过程。"21 世纪海上丝绸之路"建设是中国提出的首个全球倡议，中国提出共建"21 世纪海上丝绸之路"的倡议，就是希望促进海上互联互通和各领域务实合作，推动蓝色经济发展，推动海洋文化交融，共同增进海洋福祉。

2012 年为与周边国家增进互信、互利共赢，共同开展在海洋领域的国际合作，科学认知、保护、开发利用海洋，减轻海洋灾害的影响，建设美丽和谐海洋，促进经济与社会的发展，为地区的和平与稳定做出贡献，我国发布了《南海及其周边海洋国际合作计划（2011—2015）》。2016 年为积极配合"一带一路"倡议实施，发布了《南海及其周边海洋国际合作框架计划（2016—2020）》。合作区域包括南海及与之相连接的印度洋、太平洋部分海域，合作领域在保留海洋与气候变化、海洋环境保护、海洋生态系统与生物多样性、海洋防灾减灾、区域海洋学研究、海洋政策与管理六个方面之外，新增海洋资源开发利用与蓝色经济发展合作领域，以进一步推进合作伙伴海上互联互通、提升海洋经济对外开放水平。

国家相关部委相继发布的《推动共建丝绸之路经济带和 21 世纪海上丝绸之路的愿景与行动》《"一带一路"建设海上合作设想》等政策文件，为推进与沿线各国的海洋经济发展、海洋科学研究、海洋防灾减灾和构建和平安全的海上环境奠定了重要基础。"21 世纪海上丝绸之路"建设作为"一带一路"倡议的有机组成部分，自 2013 年提出以来，我国与沿线国家以海洋为载体和纽带的市场、技术、信息、文化等合作日益紧密。

"十三五"以来，服务于"21 世纪海上丝绸之路"建设，我国全面实施了"全球变化与海气相互作用"专项调查，在南海、西太平洋和东印度洋海域开展了大规模综合调查，开启了中国对深远海调查与研究的新征程。阶段成果呈现了中国科学家对全球变化及海气相互作用的研究视角和创新观点。

针对"21 世纪海上丝绸之路"建设的海洋环境安全保障需求，自然资源部第一海洋研究所李铁刚研究员联合国内十家研究所和高校开展专项观测 / 监测、预报和灾害应急技术在沿线国家的适用性研究，依托项目团队的国际合作资源，以双边或多边共同关注的科学问题研究为牵引，推动自主海洋环境

我们人类居住的这个蓝色星球，不是被海洋分割成了各个孤岛，而是被海洋连结成了命运共同体，各国人民安危与共。

——2019年4月23日，习近平在青岛集体会见应邀出席中国人民解放军海军成立70周年多国海军活动的外方代表团团长时强调

安全保障技术成果的落地和推广。通过设置5个试验区，初步建立一个依托中国技术支撑的海上丝路战略支点区域近海海洋观测网框架，构建区域预报预测系统和灾害应急服务系统，形成海洋联合观测数据共享服务能力，开展沿线国家人员技术培训，充分发挥试验区的科学研究和社会服务效能。

2018年5月，南中国海区域海啸预警中心为中国、文莱、柬埔寨、印度尼西亚、马来西亚、菲律宾、新加坡、泰国、越南提供全天候的地震海啸监测预警服务，这是南海周边各国密切协调、精诚合作的重要成果。同年12月，联合国教科文组织政府间海洋学委员会西太平洋分委会，向国际社会正式发布"'21世纪海上丝绸之路'海洋环境预报系统"。该预报系统的发布，标志着我国在海洋数值模式研发、超级计算机综合应用能力等方面的实力大幅提升，将给很多没有

海洋环境预报系统的国家（如东南亚区域）带来直接帮助。这是我国深化全球海洋治理的新举措，为"一带一路"海上合作增添了新成果。

中国政府海洋奖学金项目已在国际海洋合作领域产生了积极的影响，受到相关国家和国际组织的高度评价，成为中国推动与"海上丝绸之路"沿线国家开展海洋领域合作的生动体现。自2013年启动以来，中国政府海洋奖学金项目已招收了来自30多个国家的近200名留学生。其中，来自"一带一路"沿线国家的留学生占了大多数。2019年在我国学习的"一带一路"沿线国家留学生占比达54.1%。

2019年4月中国人民解放军海军成立70周年之际，中国首次提出构建海洋命运共同体理念，"海洋命运共同体"理念的提出，为全人类的海洋合作交流与资源共治共享提供了"最大公约数"，体现了中国的国际责任感与大国担当。"海洋命运共同体"理念的提出，进一步丰富和发展了人类命运共同体的重要理念，也是人类命运共同体理念在海洋领域中的实践，是实现有效全球海洋治理的行动指南，奏响了推动全球海洋合作的最强音，为全球海洋治理指明了路径和方向。

"海洋命运共同体"具有丰富的内涵，包括共同的海洋安全、共同的海洋福祉、共建海洋生态文明和共促海上互联互通等。"海洋命运共同体"理念强调人类社会在海洋事务方面全球休戚与共、紧密联系，核心是共同应对全球性海洋挑战；倡导积极为全球海洋治理做贡献，提供公共产品和服务。"海洋命运共同体"是对"一带一路"的深化拓展，"海洋命运共同体"与"人类命运共同体"一脉相承。

二、天眼巡游星天外，俯瞰沧海映眼帘

蔚蓝中国星

图 2-30 海洋卫星发射

　　卫星海洋遥感是利用星载传感器对海洋进行远距离非接触观测，具有大范围、全天时、近实时观测的独特优势，是全球海洋环境监测的重要手段。我国海洋遥感技术起步稍晚，20 世纪 60 年代先后开展了机载红外测温仪和机载激光浪高计的研制和海上试验；70 年代开始接收美国和日本气象卫星资料应用于海洋气象分析和海冰观测；80 年代，我国先后投入了大量的人力和物力发展海洋遥感技术，并获得了重大技术突破。1987 年 1 月，王大珩院士、汪德昭院士等 26 位科学家联名写信给党中央和国务院，提出尽快发展海洋卫星技术。同年 10 月，国家海洋局、航天部、中国科学院联合完成了《海洋卫星立项研制工作报告》《海洋卫星技术经济综合论证专题报告》，并上报国务院。自此，中国海洋遥感事业开启了从航空海洋遥感走向

卫星海洋遥感，再度发展到"家族式"的海洋卫星遥感发展之路。

经过 20 多年的快速发展，我国海洋卫星逐步形成了三个大的家族：海洋水色卫星家族、海洋动力环境卫星家族和海洋监视监测卫星家族。每个海洋卫星家族经过试验、业务、组网等阶段，海洋卫星家族之间取长补短，实现同一海洋要素的多层次、多角度观测。卫星上的这些载荷（传感器，也即观测仪器）互相配合、互相补充，实现同类型海洋要素观测的相辅相成、珠璧交辉。同一家族的不同卫星轨道设计有高有低，对同一海域的观测有早有晚，对随时间变化的海洋现象进行多时次观测。海洋卫星接收系统和数据处理具备了全链路、全波段、全自主、高时效、高精度的能力。目前有北京、三亚（陵水）、牡丹江、杭州、"雪龙"船等地面接收站，实现了中国近海实时接收。规划有南极地面接收站，南极站的建成将使得我国海洋遥感卫星实现 2 小时内完成观测、数据处理、数据服务的能力。海洋卫星遥感产品向多样性、全面性方向发展，遥感产品精度、时空分辨率逐步提高。我国海洋卫星家族的每颗卫星均搭载有多个载荷，在其他国家很少有这样的设计。

未来，海洋水色卫星家族保持同时在轨不少于两颗卫星，海洋动力环境卫星家族保持同时在轨不少于三颗卫星，海洋监视监测卫星家族保持同时在轨不少于两颗。随着卫星上搭载的载荷的观测精度、观测分辨率、观测效能进一步提升，海洋

图 2-31 海洋卫星运行控制系统

卫星观测得到的海洋数据产品种类更全、精度更高，可以实现对同一海洋现象的准实时、更准确观测。同时，可为未知海洋现象发现、海洋理论的建立、海洋预报提供支持。

（一）群星璀璨

我国海洋卫星从无到有，实现了系列化、业务化发展。截至目前，我国已成功发射了 10 颗海洋专用卫星，未来 5 年还将发射 7 颗卫星用于海洋信息观测。我国相继建立了国家、区域中心、省市三级海洋环境和灾害的卫星业务化应用工程体系。卫星精密

图 2-32 海洋卫星星座示意图

定轨和海面测高是国际性难题，蒋兴伟院士主持建立了海洋卫星地面应用系统，解决了海洋卫星资料处理难题和海洋应用关键技术。在应用领域上突破了我国海洋动力卫星海面高度测量从米级向厘米级跨越中的关键技术，攻克了自主海洋动力卫星海面测高的关键技术难题，解决了我国海洋水色卫星近海复杂水体资料处理的关键工程技术。相继建立了针对海洋一号卫星水色水温扫描仪和海岸带成像仪数据的大气校正、地面像消旋、地理定位与地标导航算法以及叶绿素、悬浮泥沙、海温、海冰与植被指数等反演算法，建立了我国近岸二类水体水色产品提取算法，在海洋环境预报、大洋渔场环境监测和资源开发等领域发挥了重要作用，推动了我国海洋水色定量化遥感应用的发展，并达到国际先进水平。

试验海洋卫星

海洋水色试验卫星

1997年6月，我国第一颗海洋卫星——海洋一号A卫星（HY-1A）正式立项。海洋一号A卫星运行在798千米的太阳同步轨道上，可实现对我国邻近海域每三天重复观测以及境外部分海域的选择性观测的能力。作为试验型业务卫星，该卫星采用了CAST968小卫星平台，有效载荷包括1台10谱段海洋

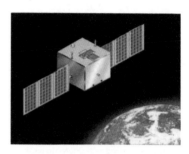

图2-33 海洋一号A卫星示意图

水色水温扫描仪（COCTS）以及1台4谱段海岸带成像仪（CZI）。2002年5月15日，海洋一号A卫星顺利发射升空，结束了我国没有自主海洋卫星的历史。该卫星在轨运行685天，所获取的连续2年海洋环境数据在海洋资源开发与管理、海洋环境保护与灾害预警、海洋科学研究及国际与地区间海洋合作等多个领域发挥了重要作用，为我国后续海洋水色卫星研制积累了宝贵经验。

2005年7月，作为我国海洋水色系列卫星的第二颗实验星，海洋一号B卫星（HY-1B）正式立项。2007年4月11日，海洋一号B卫星成功发射。与海洋一号A卫星相同，海洋一号B卫星装载1台10谱段海洋水色水温扫描仪以及1台4谱段海岸带成像仪。海洋一号B卫星的海洋水色水温扫描仪成像质量明显好于海洋一号A卫星，且观测

图2-34 海洋一号B卫星示意图

幅宽增加到 3000 千米，实现了对我国邻近海域的每天重复观测；海洋一号 B 卫星的 CZI 光谱分辨率（波段带宽）也由海洋一号 A 卫星的 80 纳米提升至 20 纳米，可获得更精细的水体物质区分。海洋一号 B 卫星在轨稳定运行了 8 年 10 个月，超期服役 5 年 10 个月。在轨期间卫星共成像 19 233 轨，地面应用系统共获取卫星采集的原始数据 8.84 太字节，生产各级各类数据产品达 65.5 太字节。海洋一号 B 卫星资料和产品已向海洋管理部门、科研院所、大专院校、业务部门及美国国家海洋和大气管理局（NOAA）等共 50 家单位进行了分发应用，累计分发数据量达 86.57 太字节。海洋一号 B 卫星业务运行期间所获取的海洋遥感数据在海洋资源开发与管理、海洋环境监测与保护、海洋灾害监测与预报、海洋科学研究和国际与地区合作等领域发挥了重要作用，为我国经济发展发挥了积极作用，做出了应有的贡献。

海洋动力环境试验卫星

我国首颗极轨海洋微波（海洋动力环境）卫星海洋二号 A 卫星（HY-2A），于 2011 年 8 月 16 日发射成功。卫星轨道为太阳同步轨道，倾角 99.34 度，降交点地方时为 6 时，卫星在寿命前期采用重复周期为 14 天的回归冻结轨道，高度 971 千米，周期 104.46 分钟，每天运行 13+11/14 圈；在寿命后期采用重复周期为 168 天的回归轨

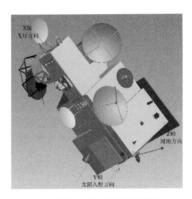

图 2-35 海洋二号 A 卫星示意图

道，高度 973 千米，周期 104.50 分钟，每天运行 13+131/168 圈。

海洋二号 A 卫星集主、被动微波遥感器于一体，具有高精度测轨、定轨能力与全天候、全天时、全球探测能力。卫星主要载荷有：雷达高度计、

微波散射计、扫描辐射计、校正辐射计。主要使命是监测和调查海洋环境，获得包括海面风场、浪高、海流、海面温度等多种海洋动力环境参数，直接为灾害性海况预警预报提供实测数据，为海洋防灾减灾、海洋权益维护、海洋资源开发、海洋环境保护、海洋科学研究以及国防建设等提供支撑服务。

海洋二号 A 卫星是我国最为复杂的对地遥感卫星之一，主、被动微波遥感器同时对地观测，电子兼容性复杂，对地天线多达 16 副，且卫星具有我国遥感卫星中最高精度的测定轨能力，通过采用 GPS、多普勒测定轨系统（DORIS）和激光测距三种精密定轨手段，使轨道的确定精度达到厘米量级。虽然，海洋二号 A 卫星是一颗科研业务星，但是，海洋二号 A 卫星的数据产品已经能够满足海洋应用的需要，在台风和海啸的监测中可以做到准确识别，明显提高海洋灾害预报的时效，具有巨大的应用潜力。卫星主要性能指标达到国际先进水平，填补了我国实时获取海洋动力环境要素的空白。

业务化海洋卫星

海洋水色业务卫星

2018 年 9 月 7 日，海洋一号 C 卫星（HY-1C）成功发射，它是我国海洋系列卫星的首颗业务卫星。海洋一号 C 卫星上装载了 10 谱段海洋水色水温扫描仪、4 谱段海岸带成像仪、紫外成像仪、星上定标光谱仪和船舶自动识别系统（AIS）5 个有效载荷。与海洋一号 A 卫星和海洋一号 B 卫星相比，紫

图 2-36 海洋一号 C 卫星示意图

外成像仪、星上定标光谱仪和船舶自动识别系统为新增载荷；海洋水色水温扫描仪的信噪比大幅提升，可以清晰分辨大洋清洁水体的水色变化；海岸带成像仪的空间分辨率由海洋一号 B 卫星海岸带成像仪的 250 米提高到 50 米，幅宽由 500 千米扩展到了 1000 千米。海洋一号 C 卫星技术状态达到了国际先进水平，使我国成为能提供每天全球海洋空间全覆盖海洋水色卫星资料的国家之一。

海洋一号 D 卫星（HY-1D）是我国第二颗业务运行的海洋水色卫星，已于 2020 年 6 月 11 日成功发射，并与海洋一号 C 卫星组成我国首个海洋民用业务卫星星座，大幅提升了我国对全球海洋水色、海岸带资源与生态环境的有效观测能力。双星组网观测，可使每天观测频次与获取的观测数据提高一倍：上午被太阳耀斑影响的海域，下午观测能够避免其影响；上午被云层覆盖的观测海域和未被观测的区域，下午有机会得到弥补。这可以大幅提高全球海洋水色、海岸带资源与生态环境的有效观测能力，为全球大洋水色水温业务化监测、我国近海海域与海岛海岸带资源环境调查、海洋防灾减灾、海洋资源可持续利用、海洋生态预警与环境保护提供数据服务，并为气象、农业、水利、交通等行业应用提供支持。

图 2-37 海洋一号 D 卫星简介

海洋动力环境业务卫星

海洋二号 B 卫星（HY-2B）是我国第

二颗极轨海洋微波（海洋动力环境）卫星，也是我国第一颗海洋动力环境业务卫星，于 2018 年 10 月 25 日成功发射。海洋二号 B 卫星配置了雷达高度计、微波散射计、扫描微波辐射计、校正辐射计、数据收集系统（DCS）和船舶自动识别系统 6 个有效载荷。其中，雷达高度计

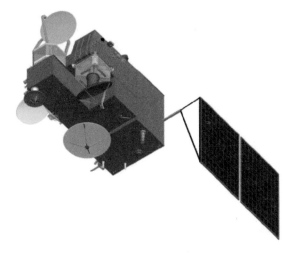

图 2-38 海洋二号 B 卫星示意图

主要用于测量海面高度、有效波高和重力场等参数；微波散射计用于观测全球海面风场等；扫描微波辐射计用于观测海面温度、海面水汽含量、液态水和降雨强度等参数；校正辐射计用于为雷达高度计提供大气湿对流层路径延迟校正服务；数据收集系统用于接收我国近海及其他海域的浮标测量数据；船舶自动识别系统可为海洋防灾减灾和大洋渔业生产活动等提供服务。海洋二号 B 卫星数据稳定连续、数据精度比海洋二号 A 卫星有明显改善，海面高度、有效波高和海面风场（风速和风向）精度优于国外同类卫星技术水平，海面温度数据精度接近国外卫星技术水平。

海洋二号 C 卫星（HY-2C）是我国第二颗海洋动力环境海洋业务卫星，于 2020 年 9 月 21 日成功发射。

海洋二号 C 卫星采用 66 度倾角的非太阳同步轨道，星上配置了雷达高度计、微波散射计、校正辐射计、数据收集系统和船舶自动识别系统 5 个有效载荷，可有效获取海风、海浪、海流、中尺度涡等海洋动力环境信息。在

海洋防灾减灾中，通过卫星搭载的微波散射计能够在每个台风生命周期内至少完成一次观测，有效获取我国周边海域的全部台风信息；卫星获取的海浪信息，在汛期灾害监测、气象预报服务以及国家重大应急事件中发挥着重要作用；在海洋资源开发中，卫星观测数据能为海上风能和波浪能等新能源设施的开发和建设提供环境信息保障；在大洋渔业方面，利用雷达高度计识别出的中尺度涡，能大幅提高探测大洋渔场区域的准确性，并为大洋捕捞提供渔场气象保障；在海洋科研方面，卫星提供的全球大面积、长时间序列观测数据在海洋大中尺度现象宏观估算和趋势分析中具有极大优势。

图 2-39 中法海洋卫星示意图

中法海洋卫星于 2018 年 10 月 29 日成功发射。中法海洋卫星首次实现海风和海浪同步观测。该星装载了我国自主研制的微波散射计和法国研制的海洋波谱仪，将在距地 520 千米的轨道上 24 小时不间断工作，实现在全球范围内对海洋表面风浪的大面积、高精度同步观测，并通过进行与海洋、大气有关的科学试验和科学应用的研究，进一步科学认知海洋动力环境的变化规律，提高对巨浪、海洋热带风暴、风暴潮等灾害性海况预报的精度与时效。除此之外，中法海洋卫星还能观测陆地表面，获取土壤水分、粗糙度和极地冰盖相关数据，为全球气候变化研究提供基础信息。

海洋二号 B 卫星与海洋二号 C 卫星以及海洋二号 D 卫星（HY-2D）组成我国首个海洋动力环境卫星星座。形成世界上首个海洋动力环境卫星星座，在海洋科学进步、全球气候变化、海洋资源开发利用、海洋防灾减灾等领域将发挥举足轻重的作用。

海洋监视监测业务卫星

我国"高分辨率对地观测系统"（简称"高分专项"）中的高分三号卫星（GF-3）是我国第一颗海洋监视监测卫星。2016 年 8 月 10 日，我国成功发射高分三号卫星。高分三号卫星是我国首颗分辨率达到 1 米的 C 频段多极化合成孔径雷达（SAR）卫星。与以往研制的卫星相比，由于该卫星所承担的任务和用途不同，为使其获取更多的信息，采用了全新的体制和多极化的设计，使得卫星可以尽可能把来自各方面的信息都收集起来，传递给地面，从而为全方位获取地表的 4 种极化信息提供依据。高分三号卫星是目前世界上分辨率最高的 C 频段多极化卫星。同时，高分三号卫星获取的微波图像性能高，不仅可以得到目标的几何信息，还可以定量化反演应用。

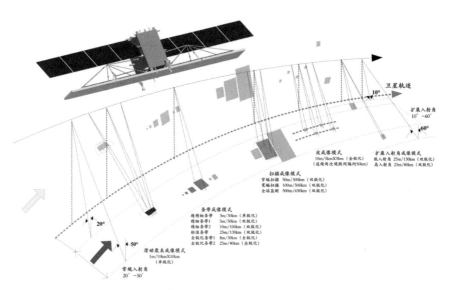

图 2-40 高分三号卫星观测示意图

　　高分三号卫星具备 12 种成像模式，涵盖传统的条带成像模式和扫描成像模式以及面向海洋应用的波成像模式和全球观测成像模式，是世界上成像模式最多的合成孔径雷达卫星。卫星成像幅宽大，与高空间分辨率优势相结合，既能实现大范围普查，也能详查特定区域，可满足不同用户对不同目标成像的需求。

　　高分三号卫星显著提升了我国对地遥感观测能力，其提供的可靠、稳定的高分辨率微波图像数据，将极大地满足国内用户对高分辨率民用微波遥感卫星数据的需求。高分三号卫星结束了我国微波遥感数据图像长期依靠外国的历史，不仅可节省大量国家外汇资金，而且为建立我国独立自主的微波遥感数据系统，实现我国各业务领域独立自主的应用和国家海洋安全提供了可靠保证。

新一代海洋卫星

新一代海洋水色观测卫星

　　在原有海洋水色卫星基础上，瞄准世界先进水平，从应用需求及现有技术能力出发，配置海洋水色水温扫描仪、中分辨率可编程成像光谱仪和海岸带成像仪三种主载荷和船舶自动识别系统辅助设备。与第一代水色卫星相比，在有效载荷优化配置与指标上均有改进，大大提升了海洋水色观测卫星的应用能力。

　　海洋水色水温扫描仪用于全球海洋水色水温环境监测，主要针对一类水体，分辨率 500 米，扫描幅宽为 3000 千米，实现每天全球覆盖和普查；中分辨率可编程成像光谱仪用于我国近海和近岸二类水体监测，分辨率

100 米，扫描幅宽为 950 千米，实现三天一次对我国近海、内陆湖泊型河流覆盖和监测；海岸带成像仪用于我国近岸海域、围填海、海岛、港口以及应对应急事件的监测调查，分辨率 20 米（多光谱谱段）/5 米（全色谱段），幅宽 60 千米，具备侧摆功能，实现一个月一次对海岸带、江河湖海的详查。船舶自动识别系统，每天两次获取全球船舶位置信息，与海岸带成像仪同时使用，获取更加精准的船舶信息。

新一代海洋动力环境卫星

在海洋二号系列卫星的基础上，进一步升级主要载荷，将搭载宽刈幅干涉成像雷达高度计、双频全极化散射计、全极化辐射计等载荷。宽刈幅干涉成像雷达高度计在 200 千米刈幅宽度的情况下实现厘米级测高精度，双频全极化辐射计在 1600 千米刈幅内最大风速探测范围达到 50 米 / 秒（风速精度优于 2 米 / 秒），全极化辐射计在 1600 千米观测刈幅内海面温度测量精度优于 0.5℃。

新一代海洋动力环境卫星在亚中尺度海洋现象观测、台风监测、内波探测等方面起到非常重要的作用，为全球海气相互作用、全球气候变化等领域提供技术支撑。

来自太空的凝视

领航
——中法海洋卫星

（二）任凭风浪起，我有千里眼

海面风场、海浪等海洋现象既会给人类带来能量或便利，同时也会给沿海居民带来灾害。大面积、全天时、全天候的观测，为人类认识海洋、利用海洋、经略海洋提供支撑。

海面风场

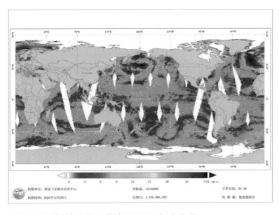

图 2-41 海洋二号卫星海面风场全球分布

海面风场测量对于海洋环境数值预报、海洋灾害监测、海气相互作用、气象预报、气候研究等都具有重要的意义。在海洋遥感技术风场观测之前，海面风场主要通过船舶、海上浮标、沿岸和岛屿气象站来测量获得，难以满足宏观、实时海洋监测的需要。

海面风场遥感测量的传感器目前主要有微波散射计和合成孔径雷达。部分可见光和红外载荷也可以得到风场数据，雷达高度计和微波辐射计可以观测到海面风速。

海浪

人们常说"无风不起浪"
和"无风三尺浪"，说明海浪
在海洋中是十分常见的。海
浪是发生在海洋中的一种波
动现象，主要包括风浪和涌
浪。海浪也是一种十分复杂
的海洋现象，对海洋工程建

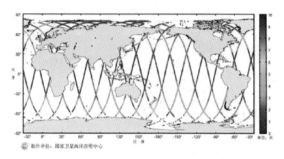

图 2-42 海洋二号卫星雷达高度计有效波高

设、海洋开发、交通航运、海洋捕捞与养殖等活动影响非常大。

监测海浪主要手段包括海洋船舶、海洋浮标站、岸边和岛屿海洋站观测
及遥感监测等。利用卫星遥感技术探测海浪的载荷有合成孔径雷达、雷达高
度计、波谱仪等。

海面高度和海平面变化

随着全球气候变暖，海平面在不断上升。海平面上升造成的海岸侵蚀、
风暴潮灾难、盐水入侵和洪涝灾害，给人类生存环境带来巨大的威胁。由
于海平面上升导致太平洋岛国图瓦卢不得不面临举国迁移的局面，很可能
成为第一个因海平面上升而迁移的国家。2005 年 8 月受卡特里娜飓风袭
击，整个新奥尔良几乎被海水淹没，造成 1800 多人死亡和 1000 多亿美
元的财产损失。海平面上升已经成为全球性重大环境问题，引起全球科学

图 2-43 海平面上升

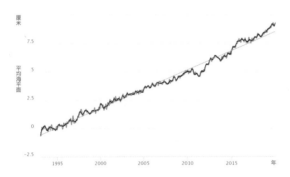

图 2-44 1993 年 1 月至 2019 年 12 月全球平均海平面变化

家和各国政府的高度关注。

研究海平面变化的数据资料主要包括验潮站和卫星高度计观测资料。其中,验潮站数据以固定于陆地上的水准点为基准来测量得到海平面。由于水准点会随地壳运动发生垂直升降,因此验潮站资料测量得到的海平面为相对海平面。卫星高度计所得的海平面变化不随地壳运动而变化,可以定义为绝对海平面。

卫星测量技术的出现彻底解决了验潮站分布的地域局限,扩大了数据采集的区域,可以获取全球多达 90% 的无冰海洋的海面高度数据,使数据获取的时间序列更加规范和连续。同样,卫星测高监测海平面变化也存在一定的局限性,主要问题是卫星测高数据在近岸点由于包含部分陆地信息,精度有所下降,需要进行剔除或精确校正,近岸点需要验潮站数据的补充。

海流

海流是指海水在较大范围内里相对稳定的流动，既有水平的，也有垂直的三维流动，通常将发生在大洋里的海流称为洋流。海流形成的原因很多，归结起来主要有两个方面：一种是受海面风力的作用产生的风海流；另一种是由海水密度分布不均匀所产生的水平压强梯度力与水平地转偏向力平衡时的地转流。较厚的大洋下层水中的海流，近似于地转流；在较薄的大洋上层水中，同时存在着地转流和风海流。

图 2-45　海流

海流对气候、渔业、海上交通等非常重要。海洋二号系列卫星搭载的雷达高度计可直接获得海面高度变化，通过地转关系可以计算得到地转流；同时，海洋二号系列卫星搭载的微波散射计观测得到的海面风场可以用来计算风海流。

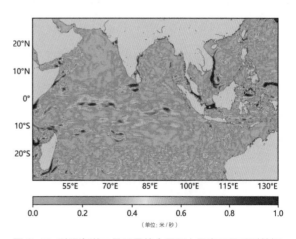

图 2-46　利用海洋二号卫星结合国际上同类卫星观测数据计算得到的地转流

（三）海洋生态与资源环境一览无余

海洋是生命的发源地，其中孕育着种类繁多的海洋生物，每年为人类提供大量资源。生物依赖于环境，环境影响生物的生存和繁衍。海洋生态环境是海洋生物生存和发展的基本条件。任何海域某一要素的变化（包括自然的和人为的），都有可能对局地及其邻近海域或者其他要素产生直接或者间接的影响和作用。自然灾害、不合理和超强度地开发利用海洋生物资源、海洋环境空间不适当利用都可造成海洋生态环境的破坏。只有加强海洋生态环境的保护和恢复，才能真正实现海洋资源的可持续利用。海洋卫星位于数百千米到数万千米的高度，其以宽视角俯瞰全球。我国以海洋水色系列卫星（海洋一号）遥感为主要技术手段和资料来源，实现了多种海洋生态环境与海洋资源环境的探视。

感知海洋生态环境要素

海洋卫星利用"站得高、看得远"的优势，可感知包括水色、海水温度、水质和碳通量等多类要素的海洋生态环境信息，全球海洋生态环境尽收眼底。

俯瞰全球海色变幻，感知海水冷暖

海洋中海水的颜色称为海洋水色，简称水色，主要是由海水的光学性质（吸收特性和散射特性）决定的。浮游生物中的叶绿素、无机悬浮物和有机黄色物质是决定水色的三要素。海洋水色的观测可估算全球海洋的初级生产力，服务于海洋生态环境评估和大洋渔业捕捞。

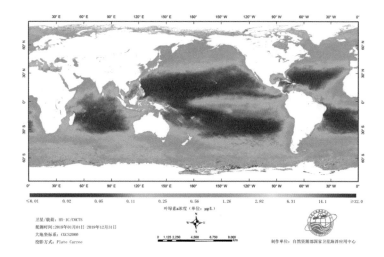

图 2-47 2019
年全球海表叶绿
素 a 浓度的海洋
一号 C 卫星观测
结果

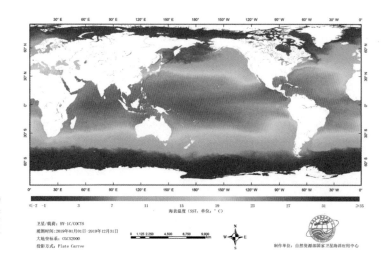

图 2-48 2019
年全球海表温度
的海洋一号 C 卫
星观测结果

　　水色遥感技术是利用传感器接收到水面发射的辐射光谱，并且进行相关的数据处理，从而获得水体的一些基本信息的技术。通过水色遥感技术，可以获得水体中影响光学性质的组分的浓度，探测水体表层的物质组成。

　　我国海洋一号 C 卫星和海洋一号 D 卫星通过双星组网，已形成全球海洋水色和水温的业务化观测能力，并向公众免费提供全球水色水温产品。

目前海洋一号C卫星和海洋一号D卫星组网可实现对全球海洋无云区域水色的每天两次全球观测，上、下午各一次；可实现对海表温度的每天四次全球观测，白天两次，夜间两次。

速报近海水质，估算碳循环

遥感技术作为一种大尺度区域性水环境调查和监测手段，弥补了常规水质监测的一些缺憾。常规的水质监测是通过采集水样、过滤、萃取以及分光光度计等方法和仪器，根据分析数据采用单一参数或多参数的综合法进行评价，比较费时费力，无法满足大面积沿海水质环境实时动态监测、评价和服务决策的要求。

如果沿海水质环境恶化、灾害（富营养化、赤潮和污染等）频发，水体服务功能和持续利用能力将大幅降低。自然资源部第二海洋研究所，以我国

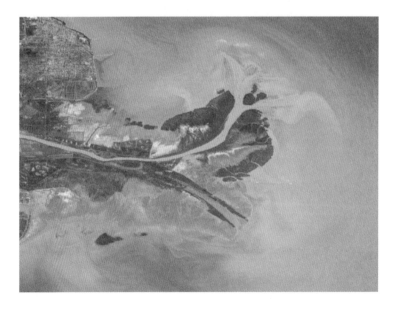

图 2-49 海洋一号 C 卫星黄河口浑浊水体遥感影像

海洋水色卫星——海洋一号卫星资料为主，综合多种海洋水色水温卫星资料和地理信息系统技术，构建了一套业务化运行的"长三角"沿海水质遥感实时监测和速报系统，实时向相关省市政府和海洋生产部门提供沿海水质状况及信息应用服务。

2020年9月22日，习近平主席在第七十五届联合国大会一般性辩论上指出："中国将提高国家自主贡献力度，采取更加有力的政策和措施，二氧化碳排放力争于2030年前达到峰值，努力争取2060年前实现碳中和。"2021年3月5日，国务院总理李克强在第十三届全国人民代表大会第四次会议上所做的政府工作报告中提出："扎实做好碳达峰、碳中和各项工作。制定2030年前碳排放达峰行动方案。优化产业结构和能源结构。"

针对近海复杂水体海-气二氧化碳通量遥感估算问题，通过海洋遥感、海洋化学、海洋模式、海洋地理信息系统等多学科交叉融合，我国建成了一套集现场观测、遥感监测和信息服务为一体的中国近海海-气二氧化碳通量遥感监测评估系统，为我国发展长时间稳定运行的海洋碳立体监测系统提供了科学和技术支撑。该系统根据不同用户等级，分为专业版和公众版两种。专业版系统服务于业务中心的碳通量监测和评估工作，实现了走航、浮标、岸基站等现场观测数据和遥感监测数据的一体化管理和可视化分析以及现场和遥感数据的自动匹配、相互评估、产品精度评价、长时序变化分析、碳通量评估及专题图制作等业务化功能。公众版系统通过互联网发布基础的海洋环境遥感信息，可便捷地进行查询、浏览和统计分析。根据业务化服务链条和不同用户需求，该系统已部署到自然资源部东海局（原国家海洋局东海分局）东海环境监测中心、国家海洋环境监测中心等进行了应用示范。

助力海洋生态灾害与环境污染防控

受气候变化与人类生产活动的影响，近海可发生赤潮、绿潮等海洋生态灾害，海洋和内陆湖泊水体可能会受到污染。海洋卫星通过对水体信息的监测，助力海洋生态灾害和环境污染防控。

赤潮监测

赤潮是海洋环境污染的信号，暴发期间，鱼、虾、蟹、贝类大量死亡，对水产资源破坏极大。我国近海海域是赤潮高发区域，尤其是在浙闽沿岸。近年来，综合利用我国海洋一号系列卫星等海洋水色卫星资料，构建了赤潮卫星监测业务化系统，实现了我国近海复杂水体条件下的赤潮自动化卫星遥感识别。该系统监测结果准确度高，产品制作时效性强，可满足业务化监测需求，已在东海开展了多年的赤潮遥感卫星监测，相关结果以多种形式报送国家遥感中心、自然资源部东海局东海监测中心、温州海洋监测中心站等有

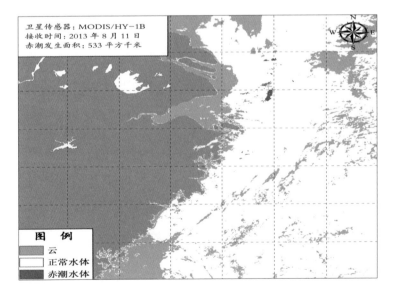

图 2-50 海洋一号 B 卫星东海赤潮卫星遥感监测结果

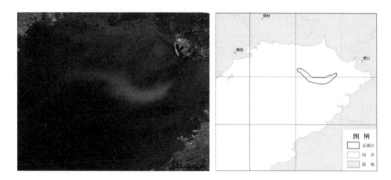

图 2-51 海洋一号 C 卫星辽东湾赤潮卫星遥感影像及监测结果

关单位及沿海相关省市，为赤潮灾害的监测和防灾减灾提供了信息服务。

绿潮监测

绿潮是在特定的环境条件下，海水中某些大型绿藻（如浒苔）暴发性增殖或高度聚集而引起水体变色的一种有害生态现象，是一种典型的海洋生态灾害。当海流将大量绿潮藻类卷到海岸时，绿潮藻体腐败可产生有害气体，破坏海岸景观，也可能损害潮间带生态系统。

2008 年 6 月，北京奥运会青岛帆船比赛场地暴发大规模绿潮（浒苔）灾害，国家卫星海洋应用中心牵头构建了绿潮（浒苔）灾害卫星遥感应急监视监测系统，综合利用光学及微波遥感卫星对黄海、东海进行了为期 3 个月的监视监测，发布绿潮遥感监测信息，为奥运会

图 2-52 黄海浒苔的海洋一号 C 卫星遥感影像

帆船比赛海域浒苔自然灾害前线指挥部应急响应、决策指挥提供了有力、有序、有效的技术支持。在此基础上，利用高分三号卫星等国内外微波遥感数据，结合我国海洋一号系列卫星、北京一号卫星等光学遥感数据及其他相关资料，实现了我国近海绿潮灾害的业务化监测。海上浒苔监测通报向自然资源部有关单位及沿海相关省市实行业务化定期发布，为绿潮灾害的监测和防灾减灾提供信息服务。

随着海洋一号 C 卫星和海洋一号 D 卫星的业务化组网观测系统的形成，海洋一号 C 卫星和海洋一号 D 卫星上搭载的海岸带成像仪以约 1000 千米的幅宽、50 米的地面分辨率，实现了大面积的我国近海浒苔和马尾藻的业务化监测。

湖泊水体富营养化监测

水体污染一般用富营养化状况来表示，水体富营养化的一个重要特征是藻类物质的大量繁殖。

近年来，太湖蓝藻频发，利用海洋一号 C 卫星和海洋一号 D 卫星海岸带成像仪遥感影像，可提取太湖等内陆湖泊水体的水体信息。以太湖为例，海岸带成像仪图像能很好地显示其蓝藻水华覆盖情况并获得其蓝藻水华强度分级信息。

图 2-53 2020年 5 月 3 日海洋一号 C 卫星太湖遥感影像及其获得的蓝藻水华强度分级

守护海洋生态系统

　　海洋卫星通过获得生态系统的面积、范围、地物类型和时空分布等信息，成为典型生态系统状况和修复监控的强有力工具。

　　红树林状况与修复遥感监测

　　红树林是热带、亚热带海湾、河口泥滩上特有的常绿灌木和小乔木群落，生长于陆地与海洋交界带的滩涂浅滩，是陆地向海洋过渡的特殊生态系统。有红树林的地方，海堤在遭受风暴潮灾害时不易被冲垮。红树林是海岸的保护神，被称为"海岸卫士"。

　　使用海洋一号 C 卫星和海洋一号 D 卫星遥感数据，利用地物光谱的差异在遥感影像上的体现，区分沿海地区红树林与其他地物，可提取红树林分布与植被指数信息。利用海洋卫星遥感数据可在全国范围内开展红树林空间范围信息提取，制作红树林空间分布专题图，监测结果可为我国红树林状况与

图 2-54　红树林

图 2-55　海洋一号 C 卫星海岸带成像仪遥感影像及红树林监测信息

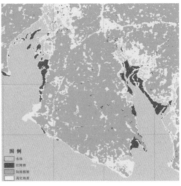

图 2-56 广西北海山口红树林自然保护区红树林分布范围海洋一号 C 卫星监测专题图（左：原始影像及人工提取结果；右：决策树分类提取结果）

修复、保护与管理提供支撑。

除红树林生态系统外，海洋一号 C 卫星和海洋一号 D 卫星也已广泛应用于珊瑚礁生态系统白化预警、滨海湿地生态系统和河口生态系统的状况遥感。

大洋渔业资源监测与预报

大洋和极地生物资源丰富，自 20 世纪 80 年代末以来，全球捕捞渔业总产量长期趋势一直保持相对稳定，年渔获量在 8600 万吨到 9300 万吨之

图 2-57 远洋捕捞船队

间波动。然而，2018 年，全球捕捞渔业总产量达到历史最高点 9640 万吨，产量增长主要来自海洋捕捞渔业。中国是最大的捕捞生产国，2018 年中国在全球捕捞总量中占比约为 15%。

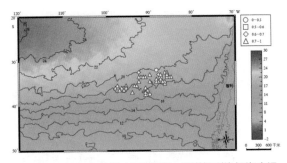

图 2-58 2019 年 2 月 11 日东南太平洋智利渔场海表温度及渔情预报结果

海表温度、海表盐度、叶绿素 a 浓度和海面高度（海表流场）等海洋环境要素及其变化对鱼群的大小、分布状况、栖息水层、鱼汛期的早晚、中心渔场的位置和渔获量等，都有明显的影响。20 世纪 60 年代后，随着卫星遥感技术的出现，渔场渔情分析预报逐渐由实验研究走向实用化，通过减少燃油和缩短航行时间等，促进了渔业资源的捕捞开发和优化利用。卫星遥感技术获得的海洋鱼类生存环境在辅助寻找渔场、降低燃油成本和提高渔业收益方面的作用已经得到认同和广泛应用。

以我国海洋一号系列、海洋二号系列海洋卫星资料为主要数据源，结合国外海洋卫星，我国自主研发了卫星遥感大洋渔场环境信息的数据共享及快速分发平台。结合海洋渔业渔情预报系统，实现了对太平洋金枪鱼、北太平洋柔鱼、东南太平洋茎柔鱼、西南大西洋鱿鱼、中大西洋金枪鱼等七大海域、三种捕捞对象的每周一次的渔情分析与预报。实现了业务化运行应用，向渔业企业提供了渔情预报、海况分析等大洋渔场渔情速报服务，为我国远洋渔船的捕捞起到了重要的指导作用，取得了显著的经济效益。

图 2-59 海洋牧场

养殖用海信息监测

养殖用海属渔业用海范畴，是我国用海面积最大的用海类型，关系到沿海地区的经济效益。

图 2-60 2019 年 1 月 21 日连云港、日照近海的养殖用海监测遥感影像

利用我国海洋一号 C 卫星、海洋一号 D 卫星和高分三号卫星遥感数据，根据养殖海域的养殖筏架进行遥感影像的目标识别，可实现对山东荣成、江苏连云港、苏北浅滩等地的我国近海养殖情况及其动态变化的监测。对准确掌握海域资源使用、海洋经济发展以及每年夏季

黄海、东海绿潮联防联控具有重要支撑和服务作用。

利用海洋一号 C 卫星和海洋一号 D 卫星中等分辨率、大幅宽、快速重访特性，开展我国近海典型养殖区遥感监测，可获取养殖区类型与分布范围。

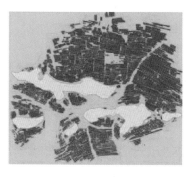 

图 2-61 2016 年 12 月大连长海县浮筏养殖类型高分三号卫星信息专题图

图 2-62 2018 年 11 月大连金州区养殖场海洋一号 C 卫星遥感影像

 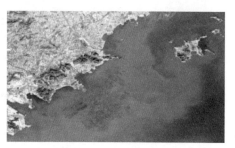

图 2-63 2018 年 12 月连云港养殖场海洋一号 C 卫星遥感影像

图 2-64 2019 年 1 月大连养殖场海洋一号 C 卫星遥感影像

（四）海洋权益与安全维护的火眼金睛

我国是一个海洋大国，海洋权益与安全维护任重道远。海域开发、海上石油平台和舰船等目标的获取、海洋环境等海洋安全相关信息的洞悉均可借助卫星这双火眼金睛。

> **望穿海域开发利用的历史与现状**

我国海洋卫星数据在海岸开发利用和海域使用动态监测中发挥了重要作用，可实现不同年代海岸线及其海域的开发过程，见证了我国基础建设和沿海经济的飞速发展过程。对全国用海规划实施、新增围填海动态变化进行遥感监测，实现全国区域用海规划、围填海动态、海域使用疑点疑区的遥感监测，为海域综合管理提供信息服务。

滨海湿地特别是河口型淤泥质滨海湿地，湿地类型复杂多样，多受潮汐和海岸带区域天气条件的影响。不同潮间带区位的裸露淤泥质潮滩（含水量不同）、芦苇、

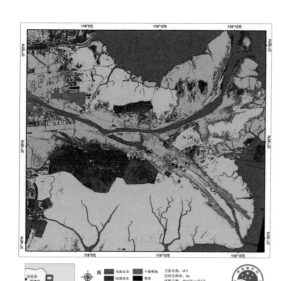

图 2-65 黄河口湿地分类专题图

图 2-66　黄河口三角洲海岸线变迁专题图

盐地碱蓬、柽柳、互花米草、河流和刺槐林等，因其冠层结构、高度、密度、底质含水量等的不同，在不同极化合成孔径雷达数据和极化分解分量中均表现为不同的特征，利用高分三号卫星合成孔径雷达遥感影像能够提取滨海湿地典型地物信息。高分三号卫星制作的滨海湿地类型分类专题产品，已经作为黄河三角洲自然保护区冬季防火任务布防图的底图数据。

遥看地面目标"一个不落"

高分三号卫星可实现不同空间分辨率的成像模式对地观测。不同地物对雷达波的反射强度不同而被卫星雷达接收到,选择与地物尺度相适应的成像模式,其得到的遥感影像可清晰地显示地面目标。水上航行的舰船、跨越江河的桥梁、地面或海上建筑、海上岛屿等均能通过我国的高分三号卫星清晰捕获。

我国海域辽阔,拥有广泛的海洋权益。我国海洋卫星通过获取的海上船

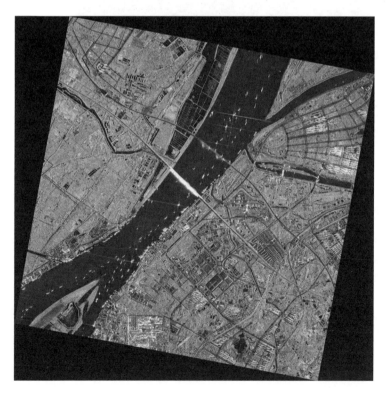

图 2-67 江苏省南京市长江附近区域及水上船舶的高分三号卫星合成孔径雷达遥感图像

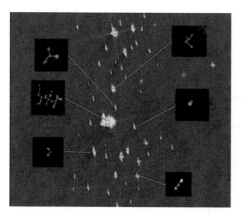

图 2-68　南海油气平台高分三号卫星检测专题图一（南部海域）

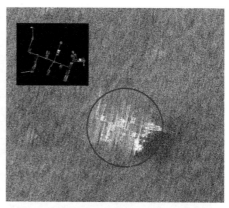

图 2-69　南海油气平台高分三号卫星检测专题图二（南部海域）

舶、海上油气平台监视数据，为海洋权益维护、油气资源保护等提供了信息服务和辅助决策支持。

南海蕴藏着丰富的油气资源。近年来，南海周边部分国家在我国管辖海域内建设了多个油气平台，损害了我国海洋权益。由于石油平台对微波雷达信号的强反射性，利用高分三号卫星多时相合成孔径雷达数据，可对南海我国管辖海域油气平台分布情况进行监测，并可得到利用高分光学卫星数据的验证。

大洋航行环境保障和船舶追踪定位的"神兵利器"

极地航道对于经济发展和极地科学考察事业都具有重要意义。我国海洋系列卫星能够提供极地冰覆盖、极地航道监测数据，为北极航道航运与极地科学考察提供有力的环境保障。

2016 年 11 月始，高分三号卫星数据已用于中国第 33 次南极科学考察"雪龙"号科考船极地航行保障工作，成为其后历次极地科学考察保障的

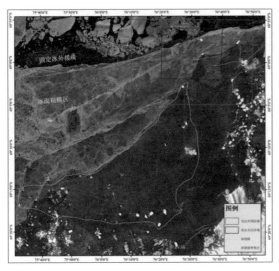

图 2-70 第 35 次南极科学考察高分三号卫星中山站冰情分析（2018 年 11 月 28 日）

图 2-71 第 36 次南极科学考察"双龙探极"的高分三号卫星遥感图像（2019 年 11 月 22 日）

重要数据源。2018 年，"雪龙"号科考船卫星数据船载移动接收与处理系统经过升级改造，实现了我国海洋一号、海洋二号和高分三号卫星数据船载接收，在其后的北极科学考察和南极科学考察期间实施了多次海洋卫星实时接收任务，提供了及时有效的海洋卫星海冰、卫星云图和其他海洋环境卫星数据。为"雪龙"号科考船冰区航行、作业及南极中山站、罗斯海新站冰区停靠卸货提供了高分辨率合成孔径雷达海冰专题保障产品。我国海洋卫星数据及其极地观测产品可为极地科学考察和北极航线商业运输航线规划分析提供支撑。

2019—2020 年我国第 36 次南极科学考察首次实现

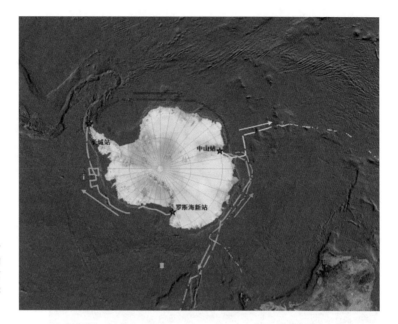

图 2-72 海洋一号 C 卫星获得的"雪龙"号船第 35 次南极科学考察航迹示意

了"双龙探极"（"雪龙"号与"雪龙 2"号）。此次考察期间高分三号卫星提供了中山站附近的高分辨率卫星图像，为"雪龙"号和"雪龙 2"号极地考察船破冰航行提供航道冰情监测数据。

海洋一号 C 卫星、海洋一号 D 卫星、海洋二号 B 卫星和海洋二号 C 卫

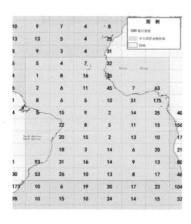
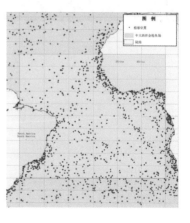

图 2-73 海洋一号 C 卫星获得的中大西洋金枪鱼场船只密度及位置分布

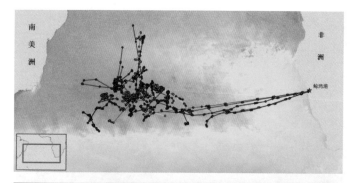

图 2-74 海洋一号 C 卫星获得的中大西洋海表温度和金枪鱼场远洋渔船作业活动航迹分布示意

图 2-75 高分三号卫星图像与船舶自动识别系统数据的船舶联合监测（2019 年 12 月 25 日）

星上均搭载了船舶自动识别系统传感器，能接收到船舶发送的识别信号，实现对船舶的定位跟踪，掌握船舶动态，特别是在远洋和极地区域，可用于海上航行安全保障和远洋渔业支撑。

利用我国海洋卫星船舶自动识别系统信息还可获得大洋渔场区域的船只分布情况，可形成船只密度专题产品，为远洋渔船寻鱼和捕捞提供辅助决策支撑。

利用海洋卫星合成孔径雷达图像识别的船只目标和船舶自动识别系统的报文信息匹配，可有效实施海洋捕捞渔船动态监控和渔业资源保护，增加非法捕捞执法手段。

问诊海洋内部过程——海洋内波监测

海洋内波是一种海水运动，指稳定层化海水产生的、最大振幅出现在海洋内部的波动。海洋内波的波长通常从几百米到几十千米不等，周期从数分钟到数小时。海洋内波可将海洋上层的能量传至深层，又把深层较冷的海水连同营养物质带到较暖的浅层，促进生物的生息繁衍。内波导致等密度面的波动，使声速的大小和方向均发生改变，对声呐的影响极大，有利于水下航行器的隐蔽，但对海上人工设施却具有破坏作用。

我国海洋一号卫星可见光卫星传感器可以通过太阳光的反射光探测到海洋内波，高分三号卫星的合成孔径雷达能够全天候工作时，可以利用自身雷

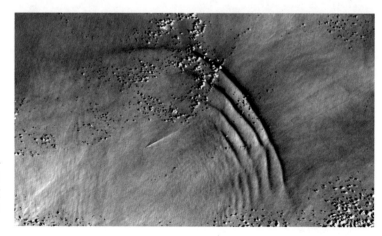

图 2-76　海洋一号 C 卫星遥感图像上的海洋内波以及海上航行的舰船

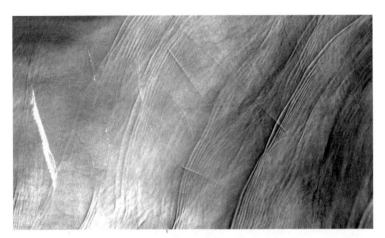

图 2-77　海洋一号 C 卫星遥感图像上的海洋内波以及海上航行的舰船（南海）

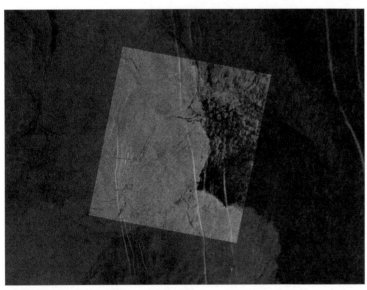

图 2-78　高分三号卫星合成孔径雷达遥感图像上的海洋内波

达波的反射信号轻易地对海洋内波进行观测。含有内波的光学卫星图像和雷达信号图像由交替的亮带和暗带组成，通过卫星遥感图像可获得海洋内波特征半宽、波峰长度、波包内波数、传播方向和距离、相邻波包及相邻波的间距和波速等内波参数，再通过海洋物理模型，可得到内波振幅、海洋混合层深度等信息。

（五）海洋防灾减灾的天空之眼

海洋灾害是沿海地区经济社会发展和人民群众生命财产安全的巨大威胁，沿海国家和地区以及有关国际组织均愈发重视海洋灾害的防御。中国海岸线漫长，约有 70% 以上的大城市，一半以上的人口和近 60% 的国民经济都集中在最易遭受海洋灾害袭击的沿海地区。我国海洋卫星巡天观海，在台风、海冰、溢油等典型海洋灾害防御方面发挥了重要作用。

> **台风监测风雨无阻**

台风是热带气旋的一种。热带气旋是发生在热带或副热带洋面上的低压涡旋。我国把南海与西北太平洋的热带气旋按其底层中心附近最大平均风力（风速）大小划分为 6 个等级，其中风力达 12 级或以上的，统称为台风。广义上，中心持续风速每秒达 17.2 米或以上的热带气旋均称台风。在非正式场合，"台风"直接泛指热带气旋本身。

台风一般伴随着强降水，给人类送来了淡水资源，缓解了全球水荒，还可使世界各地冷热保持相对均衡。然而台风带来的狂风及其引起的巨浪可损坏沿海船只、陆地上的建筑、桥梁、车辆等。台风暴雨造成的洪涝

图 2-79　海洋卫星遥感实况小程序

我国海洋卫星台风
监测实时在线信息
查询请扫码进入
"海洋卫星遥感实
况小程序"

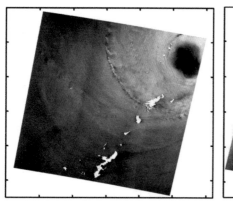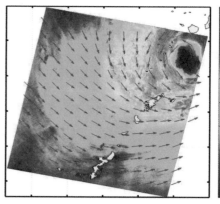

图 2-80 高分三号卫星合成孔径雷达观测到 2017 年 8 月 4 日台风"奥鹿"
的雷达影像及海面风场分布

灾害，来势凶猛，破坏性极大，是最具危险性的灾害之一。台风移向陆地

时，由于台风的强风和低气压的作用，使海水向海岸方向强力堆积，潮位猛

涨，可导致海堤溃决，造成人员伤亡和财产损失。台风也极易诱发城市内

涝、房屋倒塌、山洪、泥石流等次生灾害。

　　我国海洋系列卫星作为巡天观海的强有力工具，可从卫星云图、海面风场

和海浪等方面观测台风的海上生成、成长和消亡及其移动等过程，提前预警台

风的到来，为应对台风在海上移动及其登陆所带来的灾害提供重要参考信息。

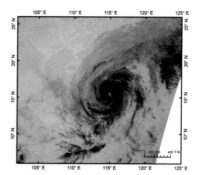

图 2-81 2020 年 11 月 13 日海洋一号 C 卫星观测到的台风
"环高"的紫外（左）和热红外（右）谱段云图

海冰探测不畏严寒

我国的渤海、黄海北部每年 12 月至翌年 3 月都有部分海域被海冰覆盖。每年整个冰期 3 ~ 4 个月，其中辽东湾地区冰期最长达到 130 天。冰情最严重的年份，渤海 70% 以上海域被海冰覆盖，形成海冰灾害。海冰发生期间，海冰覆盖的海区会发生航道阻塞，舰船无法航行，船只及海上设施和海岸工程损坏，港口码头封冻，水产养殖受损。

图 2-82 高分三号卫星辽东湾海冰监测

我国海洋一号卫星和高分三号卫星实现了对渤海及黄海北部的冬季海冰冰情的监测，实现冰情监测期间每

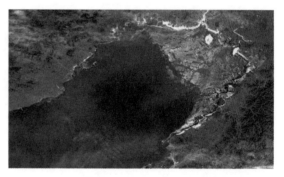

图 2-83 海洋一号 C 卫星辽东湾海冰遥感影像

天一期海冰监测通报，向国家、海区、省市三级部门和单位提供服务，为海冰冰情监测、海冰观测预报与灾害评估和应急响应提供信息支撑。

我国海洋卫星除了每天可对我国渤海和黄海北部冬季海冰实现观测外，

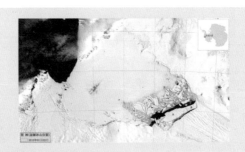

2018 年 11 月 17 日

2019 年 1 月 2 日

2019 年 1 月 21 日

2019 年 1 月 22 日

图 2-84 海洋一号 C 卫星获取
（2018 年 11 月 17 日至

2019 年 1 月 31 日

2019 年 2 月 11 日

2019 年 2 月 13 日

2019 年 3 月 4 日

的南极松岛冰川遥感影像
2019 年 3 月 4 日）

还可以对远在南极和北极的冰川实现观测。松岛冰川是南极最大、移动速度最快的冰川，近年来该冰川多次发生崩裂现象。海洋一号 C 卫星和海洋一号 D 卫星的海岸带成像仪通过对松岛冰川进行多次观测，观测到松岛冰川 2018 年底至 2019 年 3 月期间冰川的冰架前端冰裂隙逐渐加大，并已分离出数座冰山的自然现象。

溢油巡查无惧远近

　　海上溢油是指在海上勘探、开采、运输、加工和使用石油过程中由于意外事故产生的漏油。海上溢油除污染海洋环境、损害海洋生物资源外，还会造成船毁人亡、港口破坏等多种损失。近年来，随着海洋石油勘探开发和海洋运输活动日益频繁，海上溢油事故频发，海洋溢油污染已成为海洋环境的最主要威胁之一。

图 2-85 海上溢油

　　我国海洋卫星可实现对海上溢油的定量化监测，为预报油污海上漂流方向和油污处理提供重要的基础信息。我国高分三号卫星发射后，其数据已替代外星数据成为海上溢油监测的主要数据源，我国海洋一号 C 卫星和海洋一号 D 卫星数据也可快速准确获取海上溢油海面油污位置与分布信息，为海上溢油事件快速响应、应急处理和巡航执法提供辅助决策支持。

　　2018 年 1 月 6 日巴拿马籍油船"桑吉"号与中国籍散货船"长峰水晶"号在长江口以东约 160 海里处发生碰撞，船载凝析油大量外泄，对海洋环境造成严重影响。在卫星遥感应急监测"桑吉"号油轮溢油任务中使用的卫星遥感数据 90% 以上为我国高分三号卫星数据。

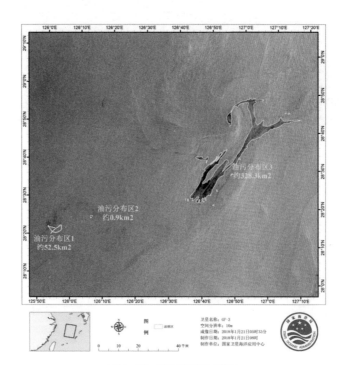

图 2-86 东海溢油遥感监测

三、斯须九重真龙出，一洗万古凡马空

探秘大洋 筑梦深蓝

图 2-87 蛟龙探海

　　2020 年 10 月 27 日，我国自主研发的全海深载人潜水器"奋斗者"号在西太平洋马里亚纳海沟成功下潜突破 10 000 米，达到 10 058 米，打破了"蛟龙"号载人潜水器创造的 7062 米下潜纪录，创造了中国载人深潜新纪录。"奋斗者"号是继"蛟龙"号、"深海勇士"号后我国又一大深度载人深潜装备横空出世，这标志着我国已经掌握了全海深载人深潜技术，中国载人深潜技术正在由跟跑、并跑向领跑前进。

　　中国载人深潜事业的发展融入了几代科学家的心血。2002 年 1 月，"蛟龙"号正式由国家"863"计划立项研制，标志着我国正式启动载人深潜技术攻关。2012 年 6 月，"蛟龙"号载人潜水器在马里亚纳海沟"挑战者深渊"成功完成 7000 米级海试，最大下潜深度 7062 米，成为下潜最深的作业型载人潜水器，从最初的百余米到成功下潜 7000 多米，一举实现了我国载人深潜事业的跨越式发展，这是从 0 到 1 的迈进，极大地提升了我国自主研发重大深海装备的民族自信心。随后 4500 米级国产化载人潜水器"深海勇士"号，全海深载人潜水器"奋斗者"号相继立项研制，中华民族挺进深海的巨幕徐徐拉开。蛟龙探海的故事开始在碧波万顷的深海大洋上尽情书写……

（一）蛟龙探海，"下五洋捉鳖"夙愿得偿

"蛟龙"号载人潜水器于 2012 年 6 月在马里亚纳海沟创造了下潜 7062 米的中国载人深潜纪录，同时也创造了世界同类作业型载人潜水器的最大下潜深度纪录，实现了我国深海技术发展的新突破和重大跨越，是我国深海技术发展的重要里程碑，标志着我国深海载人技术达到国际领先水平。

在中国缺席世界载人深潜 50 年的背景下和立项之初我国载人深潜纪录仅有几百米的基础上，"蛟龙"号团队通过自主设计，集成创新，走出了一条边试验、边改进、边应用的深海战略性高技术发展之路，实现了我国载人深潜技术的跨越式发展。"蛟龙"号载人潜水器海上试验的成功，标志着我国具备了在全球 99.8% 的海洋区域开展科学研究、资源勘探的能力，为我国在全球大洋开展深海资源勘查提供了强有力的技术手段，为我国科学家跻身国际深海科研前沿提供了强有力的装备保证。"蛟龙"号由浅入深海上试验任务的出色完成，真实反映了中国载人深潜队伍挑战深海极端环境能力的快速提升，他们身上体现出来的"严谨求实、团结协作、拼搏奉献、勇攀高

峰"的中国载人深潜精神将进一步激励全体海洋人为建设海洋强国做出更大
的贡献。

艰难求索，初探 1000 米

在中国载人深潜事业发展的艰难求索中，在"蛟龙"号载人潜水器研
发与海试的砥砺奋进中，诞生了"严谨求实、团结协作、拼搏奉献、勇攀高
峰"的中国载人深潜精神，已成为指导中国海洋事业发展的中国共产党人精
神谱系中的重要组成部分，中国的载人深潜之路是在党旗、国旗照耀下，中
国人一步步摸索出来的。

2009 年 8 月 18 日，我国自行研制的载人潜水器在 50 米海区首次下
潜成功，下潜深度 38 米，时间 17 分钟，迈出了中国载人深潜的第一步。
虽然与 7000 米最终目标相比，38 米微不足道，但毕竟是海试团队通过努力，

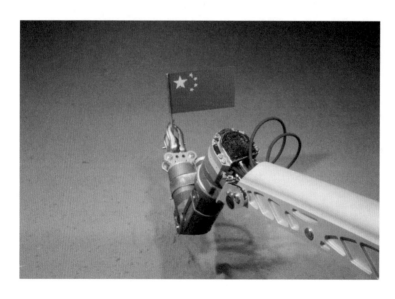

图 2-88
海底插旗

图 2-89
初探 38 米

迈出的走向大海深处难得的第一步。叶聪、唐嘉陵同时成为中国载人深潜第一人。

海试，捆绑着前行

50 米海试的前期，水声通信功能迟迟不能实现，成为制约海试的主要矛盾，经现场研判，决定进行船舶主机不同工作状态下的母船噪声和通信拉锯试验。8 月 24 日凌晨，"向阳红 09"号船到达 1000 米海试区后，前甲板左舷布放了水声通信吊阵，传感器布入水下 30 米左右；前甲板右舷布放了单波束测深仪吊阵，传感器布入水中 2 米左右；船尾拖曳着声学通信主缆，声学吊阵布入水中 300

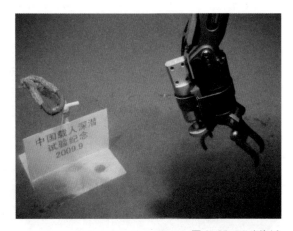

图 2-90　50 米海试

米左右，这时要求母船与潜水器水平距离不超过 2000 米。为了降低船舶自噪声，关闭右主机，左主机单车微速航行，航速不超过 2.5 节，虽然这种做法不符合船舶安全航行规定，但只有通过采取特殊的船舶操纵措施才能弥补自噪声大的缺陷，好比捆住运动员的两只胳膊，再绑住他一条腿，让他匀速跑直线，还要争取好成绩，难上加难。

神奇美妙的莫尔斯码

潜水器在水中与母船的通信依靠水声通信系统实现，这个系统包括语音、数字和图像传输，十分复杂，技术含量高。在 50 米海区试验阶段，母船与潜水器一直不能建立通信，成为海试一个关键问题。50 米海试现场指挥部决定立足现有资源，集中专家，集体攻关，最终发现第一个问题是由于母船甚高频天线位置过高造成的通信死角所致。对甚高频天线位置调整后，问题得到解决。在指挥部和声学控制室内，每当听到潜水器发回的三声短促的莫尔斯码信号，所有人都喜笑颜开，感觉那么悦耳动听。

难忘的南海"A1"区

北纬 18 度 01 分、东经 109 度 09 分的坐标点，被一群敢于闯荡深海的人们画上了一个半径 3 海里的圆圈，这个圆圈被命名为"A1"区。就深

"蛟龙"号作业现场

图 2-91 "蛟龙"号载人潜水器水下作业

度而言，50 米在 7000 米的集合里十分渺小，在我们欢呼"蛟龙"号 7000
米载人深潜试验成功之时，可能没有多少人能想起"A1"区，但参加 50 米
海试的 172 个人永远不会忘记，因为它是当之无愧的中国载人深潜的摇篮，
我国载人深潜就是从这里迈出第一步。172 名有些神秘的人们和 5 艘船舶在
那里头顶烈日、日夜不停地作业，提前、超额完成了我国载人潜水器的 50
米海试，对潜水器本体、各项设备、水面支持系统进行了全功能验证，实践
了中国载人深潜的精神。"A1"区是成就我国深潜事业的奠基之区，是 172
名祖国儿女用忠诚谱写深潜赞歌之区。"A1"区，我们不会忘记，共和国不
会忘记，人民不会忘记。

乘"风"而行，潜入 3000 米

2010 年 6 月 8 日在 A1 海区进行水下拍摄时，出现了从未遇到的复杂
情况，"蛟龙"号与"向阳红 09"号船惊险地擦肩而过，拍摄任务未能完成。

图 2-92 3000
米海试

先是执行水下拍摄任务的潜水员在母船尾部较近距离下水，紧接着由于海水流速较大造成船尾部出现不规则紊流现象，使潜水器入水后向母船尾部靠拢，差点相撞，并且原地转向，拖曳缆缠绕潜水器，致使潜水器上方受损，后来又发生前甲板水声通信吊阵电缆受损问题，一系列问题都在短时间内发生，一时大家都很茫然。

9日早饭前，临时党委和现场指挥部召开全体人员大会，进行岗位安全教育。总指挥刘峰强调："昨天3000米级海试首战失利，教训深刻。"临时党委书记刘心成提醒："请同志们记住，2010年6月8日，我们在50米海区又一次败走麦城，考试不及格。其原因就是准备不充分，协同不到位。我们要把教训变成财富。"

接地绝缘报警，把问题"逼"出来

2010年7月11日，"蛟龙"号进行第35次潜水试验。在3000米级试验海区虽然连续创造了下潜超过2000米、3000米的新纪录，但是还有一个大问题没有解决——接地检测报警。每当下潜深度达到1800米左右，接地值就从"正常"一下子跳到超过"上限"而报警。这时，按照程序文件规定，"蛟龙"号必须抛载上浮，可上浮到1000米深度左右，报警自动消失。潜水器返回母船后，海试团队对其进行检查，发现一切正常。再下潜时，接地检测又重复出现上述故障现象，连续折腾两次，仍然查不出原因，这又一次把海试逼入绝境。叶聪、杨波暗暗下定决心，一定要把这一故障原因"逼出水面"。他们凭着对祖国载人深潜事业的挚爱和对"蛟龙"号安全性能的自信，当下潜至1800米深度报警再次出现时，冷静观察，对用电设备逐个采取隔离措施，同时继续加大下潜深度，延长报警出现的时间以求固化故障点。

"蛟龙"号返回母船后,
电力与配电小组经过检查,
终于发现在一根 32 芯线电
缆的一个插头根部有电火花
烧蚀的微弱痕迹。经过进一
步检查,他们终于锁定了多
次出现的副蓄电池泄漏报警
原因是水密插头轻微进水。

图 2-93 潜水器电力与配电小组通宵达旦更换、检测电缆

应该就是这轻微进水,困扰了我们海试队员十多天的时间。潜水器电力与配
电小组通宵达旦更换、检测电缆,终于消灭了这只"拦路虎",打通了进军
更大深度的通道。

3757.31,共和国不会忘记。

2010 年 7 月 12 日 19 时 20 分,夜幕降临,船灯初放,"蛟龙"号背部
的频闪灯发出欢畅的光芒,此时的"向阳红 09"号船后甲板,人群沸腾,掌
声骤起,已成欢乐的海洋。这一天将成为一个令我们永远无法忘怀的时刻:潜
航员出舱,五星红旗飘扬,在中国南海深处进行的载人潜水器第 36 潜次试验
计划圆满完成。这是继 7 月 9 日创造下潜深度 3757.31 米之后,诞生的又一
个 3757.31 米的潜水深度。这可不是简单的数字重复,因为我们首次在这个
深度插上了鲜艳的五星红旗,首次在这里布放了载人深潜标志物,首次用机
械手在海底提取了 521 毫升保压海水,更令人激动的是,一直困扰我们海试
团队的"蛟龙"号接地检测报警问题得到彻底解决。

2010 年 7 月 12 日"向阳红 09"号船和 94 名海试队员——中国南海
3000 米试验海区—"蛟龙"号第 36 次下潜—潜水深度 3757.31 米—插国

图 2-94 机械手海底作业

旗、布标志、取水样 521 毫升—潜水时间 5 小时 45 分钟—接地检测电流在 0.07 毫安以下……这一连串数字是那样亲切，那样令人激动不已，我们参试队员不会忘记，海试领导小组不会忘记，参与研制的科学家们不会忘记，共和国不会忘记。

3000 米试验海区第 37 次也是 3000 米级海试最后一次下潜，当时第二号热带风暴"康森"接近菲律宾东部沿岸，移动速度已经从每小时 10 海里提高到 13 海里，中心风力达 11 级，距离我们的试验海区只有 400 海里。留给海试团队的时间窗口很小，但是还有一些潜航员水下培训项目需要补充，接地检测值是否稳定在标准以内还需要进一步验证。综合上述因素，现场指挥部和临时党委决定追求完美，不留遗憾，抓住"康森"台风到来之前有限的时间，组织进行潜航员培训和进一步检验接地检测值的稳定性。此次海试由潜航员唐嘉陵、傅文韬等执潜。

上午 10 时现场指挥部发出"各就各位"指令。13 分钟后"蛟龙"号入水，50 分时深度达到 1000 米，之后达到 2000 米、3000 米、3757.4 米。声学控制室朱敏报告：声学数据显示，潜水器接地检测值一直在 0.04 毫安。指挥部又是一阵掌声。17 时潜航员傅文韬报告：今天最深到达 3759.39 米，在 3757 米深处抓了两个活海参。19 时 16 分潜水器出水。今天潜水试验时间为 9 小时 3 分 (543 分钟)，下潜深度和水下工作时间再创新纪录。"康森"

台风紧追而来，4～5级风裹挟着阵雨袭来，刚才还平静的海面已掀起白色浪花。

踏出国门，从"零"起步探寻5000米

　　"蛟龙"号5000米级海上试验是中国载人深潜第一次真正意义上挑战深海极限环境，是第一次挑战国际性深海技术难题，是继3000米级海上试验成功后我国深海技术领域的又一个里程碑，是我国海洋发展史上的一次重大历史事件，标志着我国深海载人技术已跨入国际第一梯队，步入国际先进行列。5000米级海上试验中，我国首次获得了多金属结核勘探合同区的高清海底录像和照片，清晰分辨出以前难以确定的生物种类（如鼠尾鱼），首次分辨出合同区海底深海巨型原生动物，首次采集到1个极为罕见的、扁平状巨型单细胞原生动物。这些科学成果的取得，均是"蛟龙"号独特优势的

图 2-95 5000 米海试

具体体现。这种优势展示了"蛟龙"号在深海资源勘查、环境调查、科学研究中巨大的应用潜力和广阔的应用前景。

句号放大就是"0"

一位军旅作家在离休时说过:"句号放大就是零,零就是一切从头开始,还要继续为党工作。"仔细品味,感慨万千,催人奋进。海试团队经过两年努力拼搏,取得了载人深潜 3759 米的新成绩。消息公开以后,国际、国内一片赞誉,更催生了中华民族新一轮热爱海洋、关注海洋事业及中国载人深潜试验的巨大热情。前两次海试真可谓画上了阶段性句号,可是海试并未结束,已经画上的句号只能代表过去。"蛟龙"号海试团队把过去的圆满句号看作一个零,自觉超越自我,站在新的起跑线上,一切从零开始。要知道,5000 米级海试绝对不是过去海试的重复,新的经验只能靠继续拼搏、创新去获得,而不能靠复制。把过去的成绩放到一边,用集体的智慧和力量,瞄准 5000 米级海试新的目标,发起新的冲锋,夺取新的成绩,取得新的经验。

大海航行靠轮机

船舶在大海上航行都是靠自动舵,舵手的作用在下降,而船舶大洋航行中主机是时刻不能停转的。"向阳红 09"号船是一艘拥有 34 年船龄的老船了,虽然出航前经过认真维修,但是不可预见的故障在长时间航行中不断发生。"向阳红 09"号船这样的主机,运行时间长,性能下降,备件缺乏,且海试任务期间不靠港,往返连续航行 2 万多千米,对维护管理和保养的要求之高是不难想象的,正如轮机长刘军所说:"主机这玩意,别看它是钢铁做成的,可有灵性了,你对它倾注一分情感,它就给你十倍的回报。""向阳红 09"号船轮机部门 13 名同志在刘军的带领下,凝缩并坚持"精品轮机,动力第一"的理念,克服机舱高温、噪音和船体颠簸幅度大等困难,牢记责任，昼夜值班，精心操纵，加强巡视，及时发现并排除故障48起。他们抓住设备转换间隙进行维护检查，对主机扫气箱进行检修保养，为航渡安全和按时到达预定海域提供了可靠的动力、电力、空调等保障，还造水220吨，为方便全体人员生活和甲板清洗提供了水源。当别人晕船起不了床的

图2-96 机舱作业

时候，轮机部的师傅们却在大风浪中冒着超过50℃的高温排除故障。一身油一身汗，工作服干了湿，湿了又干，也顾不上洗，后背上一道道汗渍像沙滩上翻滚的白浪花，记载着他们的艰辛。

又创造了一个深潜纪录

继2011年7月25日在备选海区成功下潜到5057米深度之后，"向阳红09"号船乘胜前进，马上转移海区，于7月26日下午到达第二试验区北纬8度38分、西经154度08分。"海洋六号"船已经于凌晨到达该海区，并进行作业。2011年7月27日，在第二试验海区进行5000米级海试第3次下潜，"海洋六号"船担任警戒。潜航员为唐嘉陵、张东升等。试验内容包括："蛟龙"号推进、供电、压载与姿态调节、液压、作业、控制、水面支持等技术检查。重点检查前两次故障解决的效果、测深侧扫声呐作业试验、视情取水样、沉积物和布放标志物。当地时间8时30分"各

就各位"。8时53分"蛟龙"号入水。11时48分潜水器在5143.8米坐底，然后移动位置，15时07分潜至5188.42米。18时07分，"蛟龙"号返回母船，在水中时间共计9小时14分钟，创造了潜水最深、水中时间最长的两项新纪录。

7000米海试，中国深度

"蛟龙"号
7000米海试

图 2-97 伸手挂
龙头缆

"蛟龙"号 7000 米级海试的成功，标志着我国具备了在全球 99.8% 的海域开展科学研究、资源勘探的能力，为我国在全球大洋开展深海资源勘查提供了强有力的技术手段，为我国科学家跻身国际深海前沿科学研究提供了强有力的技术保证。

图 2-98 海底标志物

2012 年 6 月 15 日，叶聪、崔维成、杨波 3 位潜航员驾驶经过 26 项技术改进的"蛟龙"号载人潜水器，在马里亚纳海沟进行 7000 米级海试第一次下潜。指挥部声控室，大家目不转睛地盯着不断跳动的数字：6000 米，6935 米，6970 米，10 时 55 分，"7005 米"，跳出画面，指挥部一片欢腾，掌声久久不息。这是共和国，不，是世界一个新纪录的诞生。

海空对话

11 时 25 分，叶聪报告："'蛟龙'号于北京时间 2012 年 6 月 24 日 9 时 07 分，下潜到马里亚纳海沟 7020 米深度，成功坐底。潜航员叶聪、刘开周、杨波祝愿景海鹏、刘旺、刘洋 3 位航天员与'天宫一号'对接顺利！祝愿中国载人航天、载人深潜事业取得辉煌成就！"现场新华社、中央电视台、《科技日报》《中国海洋报》的记者们谁也没有抬头，快速地敲打键盘，第一时间将这一消息发布出去。当晚，中央电视台《新闻联播》中有一段航天员祝福潜航员的报道。航天员景海鹏、刘旺、刘洋站在"天宫一号"轨道舱内，景海鹏说："我们 3 位航天员向在太平洋 7020 米深度的深潜员叶聪、刘开周、杨波表示祝贺，祝愿中国载人深潜事业取得辉煌成就！"原来，经过中央电视台与北京航天指挥中心联系，潜航员的祝福被及时送到远在太空飞行的"神舟九号"飞船的航天员那里。这是历史性的对接，在 7020 米的海底的潜航员与远在太空的航天员互相祝福。

7062 米，中国深度

"蛟龙"号在马里纳亚海沟试验海区创造了下潜 7062 米的中国载人深潜纪录，同时也创造了世界同类作业型载人潜水器的最大下潜深度纪录，实现了我国深海技术发展的新突破和重大跨越，是我国深海技术发展的重要里程碑，标志着我国载人深潜技术达到国际领先水平。

以"蛟龙"号载人潜水器研制及海上试验为依托，中国闯出了一条通往 7000 米深海海底的不朽之路。此刻，"可上九天揽月，可下五洋捉鳖"，毛泽东那气势如虹的诗篇，终于被我们实现了。

图 2-99 "蛟龙"出水

（二）走进科学应用，掀开深海科学探测新篇章

"蛟龙"号载人潜水器发挥海底现场观察、海底高清摄像、海底微地形地貌测量、精确定位取样等作业优势，在深海资源勘查、环境评价和科学研究等领域获取第一手高质量研究样品和数据资料，获得新的科学发现和认识，取得世界领先的尖端科研成果，提高了我国的国际影响力和话语权。

> 海底踏勘，深海科学发现惊奇不断

可燃冰区的繁华世界

蛟龙冷泉 1 号区的活动冷泉区分布于南海东北部陆坡区一条走向为 NWW 的沉积物脊顶部，水深为 1120 米左右，面积约 2000 平方米，以高丰度的贻贝-瓷蟹冷泉生物群落和大量的不同形态的冷泉碳酸盐岩为特征。2013 年大洋第 31 航次，充分利用满足下潜作业要求的连续时间窗口这一有利条件，连续成功完成 6 次下潜，实现了"蛟龙"号载人潜水器首次搭载科学家下潜作业，首次近底观察到了冷泉-贻贝生物群落，对蛟龙海山生物多样性和结核分布特征有了新的观察认识，取得了玻璃海绵、毛瓷蟹、蜘蛛蟹、贻贝碳酸盐岩、铁锰

图 2-100　贻贝-瓷蟹冷泉生物群落

结核、玄武岩岩石沉积物等珍贵的地质生物样品和大量高清海底观察资料，验证了"蛟龙"号潜水器独有的技术优势，为我国冷泉区科学研究提供了其他装备无法获取的样品、数据和观测资料。深潜器连续近底航行约 6.6 千米，获得了长达 4 千米的精细海底地形地貌数据；通过超短基线定位再次回到蛟龙冷泉 1 号区作业，进一步验证了"蛟龙"号超短基线定位系统的稳定性。

万米深渊的麻坑

雅浦海沟北接马里亚纳海沟、南连帕劳海沟、西抵雅浦群岛，全长 650 千米，最深点 8527 米，位于菲律宾板块、太平洋板块和加罗林板块之间会聚的一个复杂构造区域。研究人员使用大深度载人深潜器"蛟龙"号，在水深 5448 米至 6668 米区域，发现了多处泥火山和麻坑及其伴生生命群落的存在，这是目前报道的全球最深的泥火山活动区域，也是首次在俯冲板块上发现与洋壳蚀变相关联的流体活动和释放现象。通过多学科方法交叉研究，研究人员认为，洋壳上部玄武质基性岩石蚀变是导致俯冲板块内浅层流体和泥浆形成的主要因素，而俯冲板块弯折引发的构造挤压是导致俯冲板块上流体喷发的直接原因。这些结果表明，俯冲板块的构造变形产生了一种上层洋壳与海水之间物质交换的新方式。此次报道的海底流体释放现象，无论是在

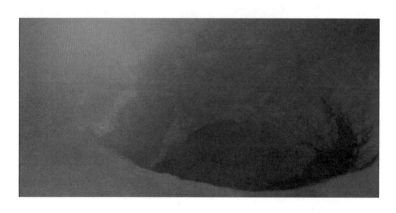

图 2-101 2016 年中国大洋第 37 航次，"蛟龙"号观察发现的泥火山活动遗迹"麻坑"

化学机制上还是在物理机制上，均与马里亚纳海沟弧前区域已知的蛇纹石化泥火山作用有着显著的不同。这种新型泥火山可能为海沟深部氢化能自养微生物提供了新的栖息场所。

在马里亚纳海沟"挑战者深渊"南坡、北坡采集了多件深渊底层保压、非保压水体，深渊底栖生物以及深渊短柱状沉积物、岩石样品，为科学家研究海洋最深处发生的深部释气与化能生命、生命过程与生命演化、海沟地形与洋流运动、俯冲作用与板块活动、地化过程与矿床形成等提供了坚实基础，并为开展深渊环境、深渊生物以及深渊地质研究积累了科学依据。

图 2-102　低温热液渗漏区生物群落

深渊航次的调查区位于马里亚纳海沟西南部的"挑战者深渊"，距关岛西南约 200 千米（北纬 11 度 22 分，东经 142 度 25 分），主要的工程下潜区域位于"挑战者深渊"的西南端（"蛟龙"号 7000 米海试区）。获取了马里亚纳海沟大量岩石、沉积物、生物、水体样品，为开展深渊水柱中微生物种群结构特征、底部释气效应、沉积物元素地球化学循环研究奠定了基础。首次在马里亚纳海沟"挑战者深渊"南坡发现了活动的泥火山，初步认识了马里亚纳海沟南坡、北坡生态系统的基本特征。

海山上茂密的森林

深海，由于其具有的黑暗、高压、低温等极端特殊性，尤其远离大陆，属于寡营养区，生物量极其稀疏，大型深海生物群落，如同一个茂密的森林，其食物来源和生长机制仍然需要深入研究。

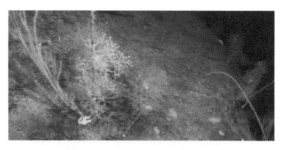
图 2-103 富钴结壳矿区——珊瑚生态群落

2018 年 5 月 14 日 新华社的一篇报道引起了极大的轰动，"82 岁院士下潜南海，发现深海冷水珊瑚林"。

汪品先院士，是推动

图 2-104 深海冷水海绵生物群落

"蛟龙"号载人潜水器立项研制的老一辈科学家之一。早在 2013 年"蛟龙"号执行第一个试验性应用航次期间，汪院士就亲临"蛟龙"号母船"向阳红 09"号船看望科学考察队员，听取了科学考察成果汇报。他对"蛟龙"号载人潜水器的科学应用工作大加赞赏，认为"蛟龙"号载人潜水器的应用是我国海洋科研事业发展的里程碑。

2018 年 5 月 13 日，汪品先院士和中国科学院深海科学与工程研究所所长丁抗教授搭乘"深海勇士"号载人潜水器在海底进行 8 个多小时的观察研究和采样工作，最大下潜深度达 1410 米。在南海玄武岩区，发现了以冷水珊瑚和海绵为主体的特殊生物群，堪称西沙深海的"冷水珊瑚林"。

我国科学家早在 2014 年"蛟龙"号试验性应用期间，在执行中国大洋第 35 航次时，为了深海生态环境保护的需要，已进行了一系列的深海生态载人深潜科学考察活动。在我国的多金属结壳勘查研究区——西太平洋海山区发现了大型的深海冷水珊瑚生物群落。除了冷水珊瑚生物群落，"蛟龙"号还同时在海山上发现了深海海绵生物群落以及热液区海葵群落。

深海大洋舞动的精灵

深海，大量神奇的生物在自由自在地生活，她们是幽深的海洋里真正的主人。在"蛟龙"号试验性应用的几年里，借助载人潜水器这个可以搭载人类进入深海的平台，科研人员观察到了大量的大型深海神奇生物，这些生物几乎都是第一次出现在人类面前，是一次深海生物与人类的神奇邂逅。搭乘载人潜水器，人类得以在神秘的深海世界，静静地观察这些深海生灵。

2016 年大洋第 37 航次第一航段在雅浦海沟西侧沟壁下潜，在海沟北段西侧 4400 ~ 4900 米处进行类群组成及多样性研究，发现巨型底栖生物种类较少，多样性较低。常见类群为海参、海星、鱼和虾，珊瑚、海绵、海葵以及多毛类等类群偶有出现，没有明显的优

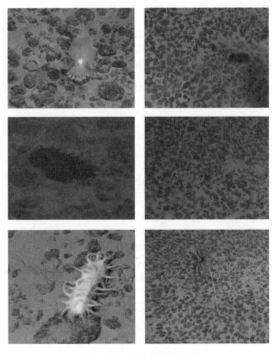

图 2-105　深海神奇的生物

势种。在 5576～5946 米水深，发现巨型底栖生物种类较少，多样性较低。最常见类群为海参，种类最多；海星、海葵和鱼的种类数其次；其他如海绵、海鳃、多毛类和虾等类群仅发现一形态种。该潜次以近底航行观察为主，观察到的底栖生物数量较多，以海参观察到的数量最多，在一斜坡密集分布，为局部优势种；海葵、海星和鱼常见；海鳃、虾、多毛类和海绵等生物有零星分布。在 6040～6350 米水深段，发现的物种数较少，多样性较低。最主要的类群为虾，其次是海星和多毛类，端足类、鱼和海鞘有零星发现，该次下潜发现，6000～6300 米水深段主要为沉积物分布，沉积物黏性较大；该水深段虾、多鳞虫、海星为优势种。在 6765～6796 米水深段，发现的巨型底栖生物种类最少，多样性最低。底表有少量虾活动，零星分布有海星、鱼（疑似）和栉水母。

精细探测，深海勘查技术历史性跨越

　　如何精确确定海山富钴结壳矿体的分布特征，获取代表性样品和复杂地形下高精度、高清晰的视像资料，是海山富钴结壳资源勘探中的难点。目前常规勘探技术（地质拖网、深海浅钻和深海摄像等）不能解决这些难点，需要勘探技术的突破才能有所建树。"蛟龙"号首次将载人深潜技术应用于海山富钴结壳资源勘探，突破了传统的富钴结壳资源勘探方式。

　　多金属结核储量能够"看"明白吗？

　　在大洋第 31 航次第二航段，在东北太平洋中国多金属结核合同区内选定的详细勘探区，进行海底视像剖面调查和取样，为底栖生物多样性和结核覆盖率估算提供视像资料和样品，同时开展海底沉积物剂量反应试验，初步评估结核开采的环境影响。

利用"蛟龙"号独特的高机动性、高清视像和微地形地貌探测能力，通过科学家身临其境、现场观测，实现了从传统的船上视像观察到现场全方位、现场直接观测取样的转变。特别是在复杂地形，直观地展示海山富钴结壳资源的分布特征，提高了对海山富钴结壳资源空间分布规律的认知。通过精确定位、精细观察、精细取样等高新技术手段的使用，为结核覆盖率估算提供高精度、精确定位的海底样品和高清晰、高分辨率的视像资料。截取测线上的照片进行结核覆盖率的测算，确保了获取样品和资料的代表性和可靠性，填补了复杂地形区资料的空白。"蛟龙"号载人

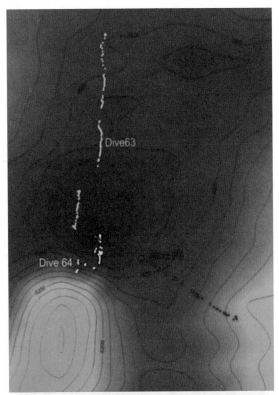

图 2-106 详细勘探区结核覆盖率测算点

深潜器技术的应用拓展和丰富了富钴结壳资源勘查技术方法体系，证实了富钴结壳资源分布规律，富钴结壳主要分布在水深 2500 米以浅，在靠近山顶的较平坦斜坡区是富钴结壳的有利分布区，地形坡度较大（大于 15 度）的区域不利于矿体形成。

富钴结壳勘查可以"用听的"

多波束回波强度的变化与富钴结壳、沉积物等海山底质软硬变化相对应，"蛟龙"号载人深潜器技术的应用证实了多波束回波勘探技术在富钴结壳资源评价中的应用潜力，查实了富钴结壳与沉积物的分布界线，为进一步勘探提供了关键性依据。

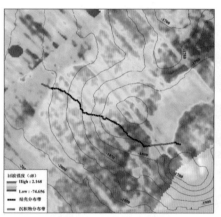 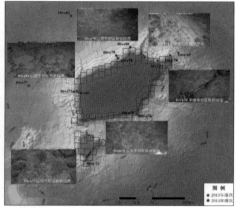

图 2-107 多波束回波强度勘探技术的应用

为黑烟囱实施"把脉"

黑烟囱是海底热液活动的产物。海底热液活动的范围涉及地球的水圈、岩石圈以及生物圈，是人类解决深海资源环境重大科学问题的桥梁和关键点位，是多学科交叉研究的领域，需要进行系统全面深入和长期的研究。

图 2-108 高温
热液喷口 379℃

　　海底黑烟囱是 1977 年美国的"阿尔文"号载人潜水器在东太平洋加拉帕戈斯裂谷首次发现的。1979 年"阿尔文"号载人潜水器又在同一地点的海底熔岩上，发现了数十个冒着黑色和白色烟雾的烟囱，约 350℃的含矿热液从直径约 15 厘米的烟囱中喷出，与周围海水混合后，很快产生沉淀变为"黑烟"，沉淀物主要由磁黄铁矿、黄铁矿、闪锌矿和铜-铁硫化物组成。这些海底硫化物堆积形成直立的柱状圆丘，称为"黑烟囱"。海底

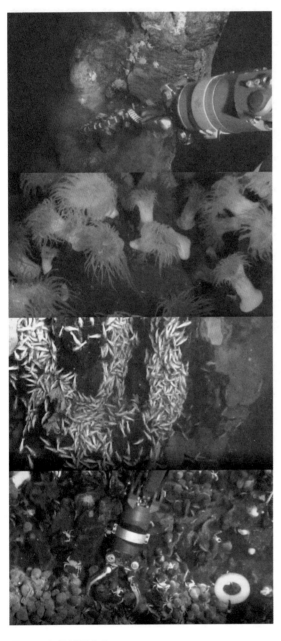

图 2-109 机械手作业

"黑烟囱"的发现及其研究是全球海洋地质取得的最重要的科学成就。

深海载人潜水器为"黑烟囱"的系统研究提供了最有力的手段。载人潜水器具有的可以搭载科学家进入复杂的热液区亲临现场观察研究的优势以及其高清摄影摄像、高精度定点作业等优势为热液区的科学认知插上了翅膀。

2014 年 12 月，"蛟龙"号首探热液区，揭开中国科学家亲临海底，观察研究热液烟囱的序幕。随后"蛟龙"号和"深海勇士"号又多次抵达深海热液区开展下潜勘查研究。

"蛟龙"号载人潜水器在热液区对海底"黑烟囱"进行了"把脉"。

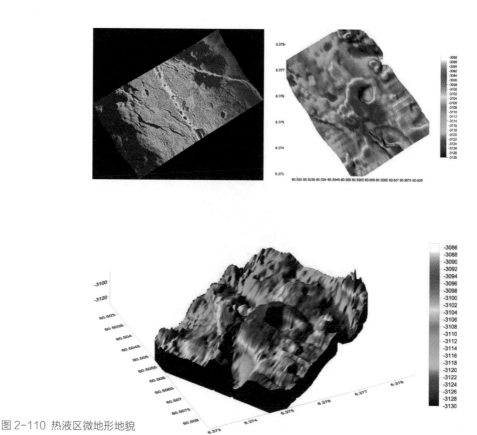

图 2-110 热液区微地形地貌

　　"蛟龙"号搭载科学家对"黑烟囱"进行抵近观察研究，通过高清照相摄像技术系统地研究"黑烟囱"生长的形貌和生物群落组成的特点等。

　　2017 年，大洋第 38 航次第一航段，利用"蛟龙"号测深侧扫声呐对热液区进行了微地形地貌调查，对热液区和周边地形地貌有了进一步的了解和认识。对比多波束成图结果，潜水器本体测深侧扫声呐具有成图精度高等特点，侧扫瀑布图中可以明确辨识热液羽状流，对发现和认识热液区地形地貌特征具有长远意义。

图 2-111 探测热液流体

对"黑烟囱"进行原位探测，以了解"黑烟囱"流体的物理化学性质以及动态变化特征。"蛟龙"号载人潜水器配备了专门针对"黑烟囱"流体物理化学性质探测多参数传感器，可以探测 pH、硫化氢、甲烷、溶解氧等系列化学参数，还可以探测热液流体的温度变化梯度、流速和流量等。

定点取样，深海实验研究成果斐然

流体取样，深海理化参数保压保真

利用热液流体采样器，可对不同类型喷口的热液流体进行原位保压采集，分析金属等元素含量和物理化学参数，为研究超镁铁岩与镁铁岩型热液系统的成矿过程提供支撑。热液流体采样器是为采集海底热液专门设计的。该采样器用化学性能很稳定的钛合金制成，由载人深潜器上的机械手夹持操作，通过机械手上的触发缸触发采样。该设备一次采集样品容量为500毫升，并具有很好的气密性和抗高温性能。它的最大采样深度为水下7000米（最高保持压力为70兆帕），采样温度高达400℃。通过压缩气体氮气能保持采集的热液的压力基本不变，取样时能进行等压转移，可以对一次采集的热液样品进行多种分析处理。通过节流口调节采样速度可实现低速采样，最大限度地减少热液中的海水夹层，大大提高了采样样品的纯度。

序列采样器是为采集深海水体保压样品而专门设计的，采样器主要采用钛合金加工制造，具有耐腐蚀耐高温性能，适合采集深海热液、海水和冷泉样品。采样器由载人深潜器或无人遥控

图2-112 热液流体采样器

图 2-113
序列采样器

潜水器的机械手夹持操作。序列采样器具有 6 个采样通道，能分别控制 6 个采样筒的采样过程，具有良好的气密性和耐高温性能，通过压缩气体能保持热液的压力基本不变，取样时能进行等压转移，可以对一次采集的样品进行多种分析处理。

定点沉积物取样，追踪溯源，有质有量

深海沉积物是海洋沉积作用形成的海底物质，包含大量的地质、生物信息。开展深海沉积物的类型与分布、搬运与动力过程、土工特性、微生物群落等调查研究，对于深海矿产资源环境评估和后期资源开采具有重要意义。

"蛟龙"号深海沉积物取样器，自 2013 年研制成功后，先后在中国大洋第 31 航次、35 航次、37 航次、38 航次任务中，100 余次搭载"蛟龙"号载人潜水器下潜，在中国南海、西北太平洋、东北太平洋、西南印度洋、西北印度洋 5 大海域，取样 150 余管并成功地实现无扰动密封保存。

图 2-114 深海沉
积物取样器

高质量生物取样，新物种不断发现

　　利用"蛟龙"号独特的高精度定位、精准取样及多参数同步检测能力，
在结核区、海山区和洋中脊硫化物区等不同深海生境，精准获取了具有高精
度定位信息和温、盐、溶解氧、地形与底层流等多环境参数信息的巨型底栖

图 2-115 采薇海山东侧山坡巨型底栖生物主要种类
A：海绵和八腕海星；B：海绵；C：海绵、珊瑚和虾；D：海绵和海百合；
E：海绵和虾；F：海绵；G-H：海葵；I：巨石上的珊瑚；J：珊瑚和海星

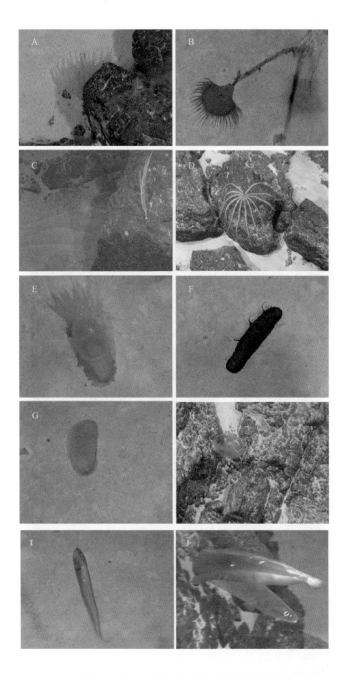

图 2-116 采薇海山西侧山坡巨型底栖生物主要种类
A-B：海葵；C：珊瑚；D：海星；E-G：海参；H：海鞘；I-J：鱼类

生物样品和海底高清视频。根据对上述样品和视频资料的分析，查明了采薇海山和维嘉海山巨型底栖动物的多样性及空间分布特点。发现在海山的东、西两侧因底质和底层流的不同，底栖生物群落结构有很大的差异，即使在几平方千米范围内的山脊两侧，生物群落结构也会随山脊两侧微地形和局部底

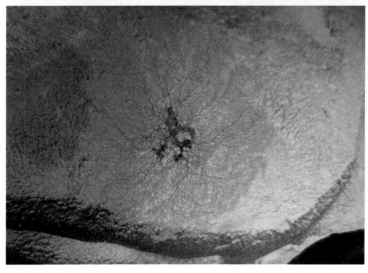

图 2-117　维嘉海山西南侧山顶巨型底栖生物柳珊瑚

层流产生明显的变化。在山脊东侧因底流强，底质以岩石、结壳和结核为主，底栖生物群落以海绵动物占绝对优势。而在山脊西侧底流很弱，底质以沉积物为主，底栖生物群落以海参、海星和鱼类等占优势。

海绵动物和冷水珊瑚等固着动物常在地形复杂、底流较急的悬崖处密集分布，海参、海星等则在地形平坦、沉积物分布广的区块占绝对优势，首次揭示了微地形和局部底层海流是控制采薇海山等深水海山巨型底栖生物分布的最主要因素。这一观点与国际海底管理局《技术报告之八——海山动物群落》的水深是控制夏威夷海山链底栖生物群落分布的最主要因素的结论不同，已为我国推动并主导西太平洋环境管理计划提供了重要科学依据。

此外，截至 2017 年 6 月已鉴定发表了西太平洋富钴结壳海山区底栖动物 4 新种（海绵动物 3 种、虾 1 种），西南印度洋热液区多毛类 1 新种。

图 2-118　蛟龙拟莱伯虾

图 2-119　龙旂枝鳃鳞虫

图 2-120　淡绿铲海绵

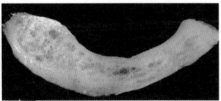

图 2-121　沟白须海绵

（三）迈向国际深潜舞台中央，为保护利用深海贡献中国智慧

从"蛟龙"号、"深海勇士"号到今天的"奋斗者"号，中国载人深潜团队以严谨科学的态度和自立自强的勇气，践行"严谨求实、团结协作、拼搏奉献、勇攀高峰"的中国载人深潜精神，为科技创新树立了典范，为加快建设海洋强国、为实现中华民族伟大复兴的中国梦，为人类认识、保护、开发海洋做出了重要贡献！

> **探秘地球"第四极"，引领世界载人深潜科技**

如果把南极、北极称为地球两端的第一、第二极地，珠穆朗玛峰为最高极——第三极的话，那么马里亚纳海沟就是最深极地——第四极！中国作家许晨在荣获鲁迅文学奖的长篇报告文学《第四极：中国"蛟龙"号挑战深海》全景式而又具体描写了"蛟龙"号载人潜水器从立项、研发到海试成功的来龙去脉，生动形象地讴歌了中国科学家严谨求实、拼搏奉献的奋斗历程和深潜精神，表明了人类探秘地球最深极地的重大意义。连续4年的"蛟龙"号载人潜水器海试圆满完成了任务，8名潜航员下潜到7000米以下，在世界载人深潜历史上绝无仅有。"蛟龙"号载人潜水器海试探索了中国高技术装备发展的新模式，新道路，探索了一条边试验、边改进、边应用，自主设计、集成创新的高技术深海装备发展道路，实现了中国载人深潜技术的重大跨越，成为中国深海技术发展的重要里程碑，标志着中国载人深潜技术已进入世界领先行列。

图 2-122　"蛟龙"号

图 2-123　"深海勇士"号

图 2-124　"奋斗者"号

中国载人深潜海试队伍在"严谨求实、团结协作、拼搏奉献、勇攀高峰"精神的激励和感召下，先后转战中国南海、东北太平洋和马里亚纳海沟海域，战高温，斗风浪，攻难关，克服了数不尽的困难和艰辛，圆满完成了祖国和人民交给的光荣任务，具备了挑战深海极端环境的能力。海试团队经过不断摸索和积累，形成了以"向阳红09"号船为母船的"蛟龙"号下潜操作规程，制定和完善了一整套应急处置预案，建立了一系列"蛟龙"号下潜规则和规范，为"蛟龙"号交付应用奠定了基础。

在马里亚纳海沟7000米级海底发现的生物多样性和地质多样性等科学现象，是世界上迄今为止首次使用载人潜水装置到达深海现场进行采样作业的范例，体现了中华民族为人类探索深海奥秘、和平利用深海所付出的巨大努力，极大提升了中国载人深潜器在国内外的认知度，赢得了国际尊重。

加深深海认知，深海治理舞台更多中国智慧

2018年5月28—29日，由国际海底管理局、中国大洋矿产资源研究开发协会主办，国家深海基地管理中心承办的"西北太平洋富钴结壳区域环境管理计划国际研讨会"在青岛召开。研讨会以"科学与制度、合作与共享"为主题，围绕法律制度框架、富钴结壳生境、区域环境管理计划建议和前景三个议题展开讨论。来自联合国、国际海底管理局、中国、美国、俄罗斯、澳大利亚、日本、巴西、新西兰、挪威、葡萄牙、韩国、斐济等100余位代表和专家参加了研讨会。此次研讨会纵览了国家、区域和国际各级有关海洋环境的政策和法律，分享了西太海山的环境基线资料，就区域环境管理计划未来工作设想达成初步共识，并建议在国际海底管理局协调下尽快启

动一个国际合作计划。会议的召开是贯彻我国"共商、共建、共享"原则的重要成果，提高了我国在深海资源勘探和环境保护方面的国际话语权。

　　2019 年 7 月 25 日，在国际海底管理局第 25 届大会上，自然资源部与国际海底管理局共建联合培训和研究中心的谅解备忘录获得批准。2019 年 10 月 18 日，自然资源部与国际海底管理局在北京签订《关于建立联合培训和研究中心的谅解备忘录》。中国 - 国际海底管理局联合培训和研究中心的设立，是中国履行《联合国海洋法公约》、践行"一带一路"合作倡议、秉持"共商、共建、共享"发展理念、促进全球海洋合作的重要举措。研究中心按照国际化标准建设和运行，面向国际遴选相关教师和专家，为发展中国家提供深海科学、技术、政策等方面的业务培训。开展深海环境与深海生态、深海采矿与深海技术等国际海底热点领域的合作研究，为相关政策制定提供参考依据。通过组织各类专题研讨会、高端论坛等活动，促进与发展中国家在国际海底领域的交流与合作。此举是我国推动构建"人类命运共同体"的积极贡献，体现了我国深入参与国际海底事务，为人类和平利用海洋资源、保护海洋生态环境而努力的大国担当。

中国大洋第 35 航次
第一航段汇报片

中国大洋第 35 航次
第二、第三航段汇报片

中国大洋第 37 航次
第一航段汇报片

中国大洋第 38 航次
第一航段汇报片

走向深蓝

第三篇
长风破浪会有时，直挂云帆济沧海

　　百年的沧桑巨变，硕果累累。从"起于累土"，到"九层之台"，中国海洋科学技术实现了跨越式发展，已成为建设海洋强国的重要支撑和动力。当前，在新时代建设海洋强国的伟大征程中，我们努力推动中国海洋科学技术向"更深、更远、更新"领域进军，培育和创建海洋高新技术产业，加快海洋生态文明建设，促进海洋经济高质量发展，并使海洋科学技术总体水平进入世界先进行列。

中国贡献中国担当

打造蓝色海湾
建设海上花园
（浙江 洞头）

一、陆海统筹，加快建设海洋强国

百年的历史证明：海洋是强大国防的屏障，是经济社会发展的宝库，海洋强则国家强，海洋兴则民族兴。中华人民共和国成立后，特别是党的十八大做出"建设海洋强国"重大战略部署以来，在党中央的坚强领导下，我们正努力实现百年来中华民族的海洋强国梦。

（一）实现海洋科技创新，攻克"卡脖子"技术

海洋科技是开发利用海洋资源、促进海洋经济可持续发展、维护海洋生态平衡的原动力和驱动力，是建设海洋强国的核心元素、重要引擎和关键支撑。海洋科技的创新，需要科学认知海洋，构建海洋立体观测网络。当前，初步构建了由海洋站网、雷达网、浮标网、海底观测网、志愿观测系统、断面调查、卫星遥感以及机动观测能力组成的国家全球海洋立体观测网，对我国管辖海域各类海洋环境要素实施长期、持续的业务化监测。下一步将聚焦国家生态文明、防灾减灾等战略需求，对标国际先进水平，继续拓展观测领域，加大卫星、雷达、无人机等新技术新手段应用，努力构建布局更加合理、技术更加先进、体系更加完整、运行更加高效的全球海洋立体观测网。海洋科技创新，需要重点解决海洋多尺度能量串级与输运、深海大洋与地球宜居性、海洋与地球系统变化预测、海岸带可持续发展、深海与地球生命起源、海底多圈层相互作用与板块俯冲等重大科学难题。海洋科技创新，需要

全面推进成果转化应用。实施海水淡化规模化应用示范工程和海洋能海岛应用示范工程，支持海洋创新药物研发，推动海洋药物和生物制品产业科技创新和成果转化。

海洋观测与探测是认识海洋与经略海洋的重要支撑。当前海洋观测与探测领域正向多学科、全海深、精细化、网络化、小型化、低能耗和智能化等方向发展，涉及大数据分析、人工智能、传感器、先进材料、自主控制、先进制造、可持续能源、海洋通信技术等新型学科、行业和领域。海洋强国的建设需要积极推动在"十四五"国家科技计划中布局海洋仪器装备研发和测试试验相关研究任务，系统带动深海试验仪器装备自主化，促进海洋仪器装备测试试验相关人才队伍培养和学科建设，为试验场建设提供科技和人才支撑。

（二）加大极地大洋调查，提升南海管控能力

极地海洋的快速变暖和酸化，使得极地海区生态系统受到严重威胁，并对全球环境和气候产生影响。一方面，极地海洋的快速变化将导致全球水循环格局的改变，引发水资源分布变化、海平面上升等一系列重大问题；另一方面，极地海洋环境与气候的变化改变了全球能量和质量分布格局，导致全球天气、气候不稳定性增加，引发区域和全球天气、气候灾害风险加剧。

深海矿产资源勘探开发的主导权和优先权是当今世界各国正在加紧争夺的权力。推动深海矿产资源勘探开发的理论、技术、工程创新，破解多圈层相互作用、深部过程与成矿等重大基础科学问题，攻克勘查开采技术装备体

系关键技术，是保障国家能源资源安全重大战略的急迫需求。

天然气水合物是一种储备性资源，寻找安全、高效、经济的开采方式是当前和今后一段时间内世界科技前沿创新技术的研发重点。如何安全合理地利用好大自然给予人类的巨大资源——海洋天然气水合物资源，克服其所带来的负面影响，需要我们全方位、多层次、多学科地开展天然气水合物相关的科学研究和工程开发技术研究，从而有望在不久的将来使这一能源真正造福于人类。

全面观测南海，推进南海综合调查。建设新一代南海综合观测体系。提升南海区域海洋立体观测能力，加强风暴潮、海浪、赤潮、地震海啸等海洋灾害的预警能力。开展南海生态环境和渔业资源综合调查。系统开展南海海洋生态保护和海洋环境监测工作，开展南海海域红树林、珊瑚礁、海草床等典型海洋生态系统的调查、监测工作，满足海洋、海岸带生态系统的保护和修复需求。完成海洋生态环境监测网络优化调整，积极推进第三次全国海洋污染基线调查，掌握南海生态环境基本情况。继续组织开展南海深远海养殖、海洋牧场等相关工作。支持南海区域积极开展"南海大科考"行动。充分发挥当地的资源和地域优势，继续推进南海区域重大工程建设，助力新一轮的南海资源环境调查和综合观测体系建设。

二、碧海蓝天，守卫蓝色国土上的"绿水青山"

海洋生态文明建设是国家生态文明建设全局的重要组成部分。构建五大"海洋体系"确保海洋生态文明的建设。

（一）构建五大"海洋体系"，建设海洋生态文明

通过构建陆海统筹的海洋规划体系、绿色低碳的海洋产业体系、生态安全的海洋生态保护体系、法制完善的海洋管理体系和创新驱动的海洋技术支撑体系，积极推进全国国土空间规划纲要编制，以陆、海资源环境承载能力与国土空间开发适宜性评价为基础，尊重客观规律，发挥比较优势，促进实现以生态优先、绿色发展为导向的高质量发展。构建海岸带生态安全屏障，实施以生态系统为基础的海岸带综合管理，建立完善综合管理评估体系，推动海岸带地区生态、社会、经济的协调发展。

落实《全国重要生态系统保护和修复重大工程总体规划（2021—2035年）》部署，积极编制《海岸带生态保护和修复重大工程建设规划（2021—2035年）》，提出未来一段时期海洋生态修复的目标、任务和举措，科学布局和推动实施一批海洋生态修复工程，着力增强海岸带生态系统的稳定性，整体改善生态系统的质量。

继续围绕陆海污染物排放、海洋空间资源管控和景观整治、海洋生态保护和修复、海洋灾害风险防范、执法监管等方面推进"湾长制"制度建设相关工作，编制《全国"湾长制"试点工作综合评估报告》。

要进一步关心海洋、
认识海洋、经略海洋

（二）加快海洋生态文明建设，促进海洋经济高质量发展

　　海洋是人类社会赖以生存的摇篮，赓续发展的基础，战略资源的宝库，护佑未来的家园。新时代我国生态文明建设已纳入"五位一体"总体布局，海洋生态文明建设是题中之义。海洋生态文明建设是一项复杂而庞大的系统工程，关乎国民的海洋意识、海洋思维、海洋生产、海洋生活等诸多方面，必须贯彻落实"创新、协调、绿色、开放、共享"五大发展理念，坚持陆海统筹，做好海洋生态建设顶层设计和长远规划，才能真正实现人类与蓝色海洋和谐共生。

　　新时代我国海洋经济发展正在逐步从规模速度型转向质量效益型，未来发展必须进一步优化海洋经济产业结构，优先发展海洋特色产业集群和园区，才能不断提升我国海洋经济可持续发展能力和海洋经济竞争力。同时，我国要积极参与全球海洋领域国际合作，互通有无，取长补短，致力于促进世界海洋经济可持续发展。

　　针对海洋产业布局不合理导致的近海海域污染、海洋资源破坏等问题开展产业体系顶层设计，部署"十四五"时期海洋生态保护修复、海洋生态经济发展、构建绿色低碳海洋产业体系的总体思路、目标、任务和政策举措。

深圳市生态修复

厦门海湾综合治理

防城港生态修复

南澳岛生态修复

三、海洋命运共同体，共建和平、合作、和谐海洋

当前国际形势基本特点是世界多极化、经济全球化、文化多样化和社会信息化。粮食安全、资源短缺、气候变化、网络攻击、人口爆炸、环境污染、疾病流行、跨国犯罪等全球非传统安全问题层出不穷，对国际秩序和人类生存都构成了严峻挑战。不论人们身处何国、信仰何如、是否愿意，实际上已经处在一个命运共同体中。

（一）坚持陆海统筹，提升我国应对气候变化和参与全球海洋治理的能力

> 重点关注国家适应气候变化战略中海洋领域相关工作

在科学评估气候变化对海洋影响的基础上，进一步明确海洋领域适应气候变化的重点任务和行动举措。积极研究海洋应对气候变化相关工作，通过加强气候变化对海洋影响的监测评估、完善海洋应对气候变化工作机制、加强海洋适应气候变化技术研发等措施，充分发挥海洋领域减缓和适应气候变化的潜力，提高海洋应对气候变化能力。

加强海洋领域应对气候变化基础研究，提升预测和评估能力

开展青藏高原冰川冰盖对海平面上升贡献研究，提升气候变化背景下南北极和青藏高原冰川冰盖融化对于未来海平面上升贡献预估能力。分析海平面变化事实及归因，加强海平面异常变化成因机制研究以及典型海洋气候现象的追踪分析。研究灾害性影响严重的极强厄尔尼诺／拉尼娜事件的发生机制和预测方法，预测长期气候变化趋势和厄尔尼诺／拉尼娜事件的叠加影响。

充分考虑海平面变化对海堤防护工程的影响

指导地方在海堤工程建设中，更加关注海平面变化对工程的影响，强化现有海堤安全巡查，及时发现并解决问题。同时进一步加强气候变化、海平面上升与沿海地区防洪（潮）标准和海堤工程设计标准的关系研究，不断积累水文潮位观测资料和科学研究成果，适时开展相关技术标准的修订工作。实施海堤生态化建设，采取适应自然的生态治理措施，促进海岸带区域生态、减灾协同增效。

积极落实各类规划中海洋领域应对气候变化有关工作

从气候持续变暖、全球海平面上升、水安全风险、生态系统功能等方面分析气候变化影响和面临的挑战，研究提出国土空间规划对策建议，强化提升海洋防灾减灾能力和保障海洋经济发展的政策措施，优化国土空间开发保

护格局。实施以生态系统为基础的海岸带综合管理，增强国土空间韧性，推动沿海地区生态、社会、经济协调发展。

> ### 加强海洋观测预报和防灾减灾能力

"十四五"期间将努力构建融合"岸－海－空－天"一体化观测手段、布局合理、技术先进、体系完整、运行高效的全球海洋立体观测网，形成完全覆盖我国管辖海域、大洋和极地重点关注区的业务化观测能力和运行保障能力。加强海洋多尺度变异机理研究，对多种气候情景下的平均和极端海洋灾害强度进行预测，加强海洋灾害预警预报。加强风暴潮、海平面上升影响调查评估，做好全国综合风险普查海洋领域相关工作。针对全国海洋缺氧酸化监测开展系统性设计，跟踪重点区域变化趋势。

（二）推进高质量的海上丝路建设，加强沿线国家海洋合作

"21世纪海上丝绸之路"建设是"围绕构建包容、共赢、和平、创新、可持续发展的蓝色伙伴关系这个愿景，以发展蓝色经济为主线，共同建设中国—印度洋—非洲—地中海、中国—大洋洲—南太平洋以及中国—北冰洋—欧洲等三大蓝色经济通道，全方位推动与沿线国在各领域的务实合作，携手共走绿色发展之路、共创依海繁荣之路、共筑安全保障之路、共建智慧创新之路、共谋合作治理之路，实现人海和谐，共同发展"。

　　发挥联合国教科文组织政府间海洋学委员会（IOC），中国－东亚海环境管理伙伴关系组织（PEMSEA），气候变率及其可预报性研究项目（CLIVAR），上海合作组织（SCO），中国－东盟"10+1"，亚太经合组织（APEC），亚欧会议（ASEM），亚洲合作对话（ACD），中国－海合会战略对话等多边合作机制作用，加强同相关国家的沟通，让更多国家和地区参与"一带一路"建设。

　　通过《南海及其周边海洋国际合作框架计划》，加强同沿线国家在海洋与气候变化、海洋环境保护、海洋生态系统与生物多样性、海洋防灾减灾、区域海洋学研究、海洋政策与管理、海洋资源开发利用与蓝色经济发展领域进行合作，进一步推进合作伙伴海上互联互通、提升海洋经济对外开放水平。

　　海洋议题是全球性"大议题"，海洋科学是综合性"大科学"，经略海洋是长期性的"大战略"。人类命运共同体是新时代的理论创新，海洋是构建人类命运共同体的重要场所。我们应全力提升人们的海洋意识，实施海洋战略，建设海洋强国，在构建人类命运共同体的进程中，提供与沿线国开展海洋合作的中国方案，做出促进人类文明发展进步的中国贡献。

厦门海洋周

参考文献

［1］《大海星空: 2012 年度海洋人物》编委会 . 大海星空 2012 年度海洋人物 [M]. 北京: 海洋出版社 , 2014.

［2］陈连增，雷波 . 中国海洋科学技术发展 70 年 [J]. 海洋学报 , 2019. 41(10):3-22.

［3］邓楠 . 新中国科学技术发展历程 [M]. 北京: 中国科学技术出版社 , 2009.

［4］郭琨，艾万铸 . 海洋工作者手册 第 3 卷 [M]. 北京: 海洋出版社 , 2016.

［5］国家海洋局极地考察办公室，陈连增 . 中国 · 极地考察三十年 1984— 2014 [M]. 北京: 海洋出版社 , 2015.

［6］蒋兴伟，何贤强，林明森，等 . 中国海洋卫星遥感应用进展 [J]. 海洋学报 , 2019, 41(10):113-124.

［7］李光斗 . 中国 40 年 1978—2018[M]. 长沙: 湖南教育出版社 , 2019.

［8］李乃胜 . 中国海洋科学技术史研究 [M]. 北京: 海洋出版社 , 2010.

［9］林明森，等 . "高分三号"卫星海洋图像质量提升技术项目成果图集 [M]. 北京: 海洋出版社 , 2018.

［10］林明森，袁新哲，赵良波，等 . 中国海洋合成孔径雷达卫星工程、产品 与处理 [M]. 北京 : 科学出版社 , 2020.

[11] 刘峰，李向阳 . 中国载人深潜"蛟龙"号研发历程 [M]. 北京：海洋出版社，
2016.

[12] 刘心成 . 挺进深海之路 [M]. 青岛：青岛出版社，2015.

[13] 苏纪兰，中国科学技术协会 . 中国学科史研究报告系列 中国海洋学学科
史 [M]. 北京：中国科学技术出版社，2015.

[14] 孙志辉 . 回顾过去 展望未来——中国海洋科技发展 50 年 [J]. 海洋开发
与管理，2006，23(5):7-12.

[15] 孙中山 . 建国方略 [M]. 武汉：武汉出版社，2011.

[16] 位梦华 . 1995，中国北极记忆——中国首次远征北极点科学考察纪实
[M]. 青岛：中国海洋大学出版社，2017.

[17] 吴有生 . 中国海洋工程与科技发展战略研究：海洋运载卷 [M]. 北京：
海洋出版社，2014.

[18] 席龙飞 . "一带一路"系列丛书 甲板上的中国：揭秘当代中国十大名船
[M]. 大连：大连海事大学出版社，2016.

[19] 徐鸿儒 . 中国海洋学史 [M]. 济南：山东教育出版社，2004.

[20] 徐新民 . 科技外事风云录 [M]. 北京：科学技术文献出版社，2015.

[21] 许文明，李璞，等 . 走向海洋世纪 海洋科学技术 [M]. 珠海：珠海出版社，
2002.

[22] 杨文鹤，陈伯镛 . 海洋与近代中国 [M]. 北京：海洋出版社，2014.

[23] 杨文鹤，等 . 二十世纪中国海洋要事 1901—2000[M]. 北京：海洋出版社，
2003.

[24] 张毅，等 . 用生命谱写蓝色梦想：张炳炎传 [M]. 上海：上海交通大学出版社，
2016.